现代肉羊饲养与高效繁殖技术

李改兰　李　莉　王振杰◎主编

中国农业科学技术出版社

图书在版编目(CIP)数据

现代肉羊饲养与高效繁殖技术 / 李改兰，李莉，王振杰主编 . --北京：中国农业科学技术出版社，2025. 8. --ISBN 978-7-5116-7406-7

Ⅰ. S826. 9

中国国家版本馆 CIP 数据核字第 2025K60Z97 号

责任编辑　张国锋
责任校对　李向荣
责任印制　姜义伟　王思文

出 版 者　中国农业科学技术出版社
　　　　　北京市中关村南大街 12 号　　邮编：100081
电　　话　(010) 82109705（编辑室）　(010) 82106624（发行部）
　　　　　(010) 82109709（读者服务部）
网　　址　https://castp.caas.cn
经 销 者　各地新华书店
印 刷 者　北京科信印刷有限公司
开　　本　170 mm×240 mm　1/16
印　　张　13. 75
字　　数　300 千字
版　　次　2025 年 8 月第 1 版　2025 年 8 月第 1 次印刷
定　　价　58. 00 元

《现代肉羊饲养与高效繁殖技术》
编 委 会

主　编　李改兰　李　莉　王振杰

副主编　王　鲁　李　杰　许军红　吕延飞
　　　　杜志刚　樊泰山

编　委　钟　杰　易树林　乔静波　张　倩
　　　　庞瑞刚　校毅鹏　李琳玉　王国春
　　　　王永彬　胡丹丹

前　言

我国是肉羊养殖大国，肉羊产量居世界之首。随着生活水平的不断提高，国内外市场对羊肉的需求量也越来越高，而羊以草食为主，易饲养，饲料成本相对较低，羊肉产品销路好，致富见效快。习近平总书记多次强调，要下决心把我国种业搞上去，抓紧培育具有自主知识产权的优良品种。目前，国内各地区肉羊养殖饲养水平和高效繁殖技术参差不齐，为了普及现代科学养羊知识，提高养殖水平，节本增效，提高经济效益和生态效益，笔者在查阅大量文献的基础上，结合多年科学研究与生产实践经验，组织编写了《现代肉羊饲养与高效繁殖技术》。

本书共分八章，第一章主要内容是肉羊特点及品种介绍，第二章主要介绍现代肉羊营养与饲料生产技术，第三章到第七章从羊的生产角度详细介绍了现代肉羊饲养管理、现代肉羊育肥管理、现代肉羊高效繁殖理论基础、现代肉羊配种及选育、现代肉羊场常见繁殖技术，第八章主要介绍现代肉羊繁殖障碍疾病，系统地介绍了现代肉羊高效饲养及繁殖技术的全过程。

本书在编写过程中参阅了许多专家学者的著作或论文，谨向原作者表示感谢，同时也向在本书编写过程中给予支持和帮助的同事和朋友们表示感谢。特别感谢北京中惠农科文化发展有限公司为本书做的宣传推广工作！

由于笔者水平有限、经验不足，本书编写时间紧、任务重，书中难免有疏漏之处，敬请广大读者批评指正。我们热切地期望本书的出版能为我国进一步深入开展肉羊高效饲养新技术研究提供参考。

编者

2025 年 4 月

目　录

第一章　肉羊特点及品种介绍

第一节　肉羊品种特征

一、肉羊的体型及外貌

肉羊的体型中等偏上，被毛短密且贴身，体表被毛因品种不同而颜色各异。公羊体质外貌强健，眼睛清秀，体躯长且深而宽，胸部发达，背部结实而宽厚，肋部发育良好，臀部丰满，全身肌肉发达，且发育良好，四肢结实。母羊头面清秀，且具有明显的母性外貌特征，繁殖性能强。

二、肉羊的生产性能

1. 体型外貌特点

肉羊体型大小是决定其生长性能的主要因素之一，一般来讲，体型大的肉羊品种后代生长速度要比体型小的生长速度快，因此，在同一肉羊品种中，养殖场应尽可能选择体型较大的肉羊个体喂养。从外貌上看，皮肤薄而疏松、骨骼较细、短；头部较宽，颈部较短，呈圆形；鬐甲宽而平；背、腰宽而平；肋骨开张良好；胸腔圆而宽，长有大量肌肉；臀部丰满，肌肉丰满后视两后腿呈倒“U”形；四肢短而细，前后肢开张良好且宽而端正，显得坚实有力。

2. 生长性能

在同一肉羊品种中，在同等优良放牧并补饲的饲养管理条件下，体型较大的肉羊，其生长和育肥性能均优于其他肉羊个体，且饲料报酬和日增重高。肉用品种的羊屠宰率高，一般屠宰率在50%以上，骨肉比1：（4～4.5），肉的品质好。肉羊的肌肉无论是羔羊肉或大羊肉，其肌肉细嫩坚实，脂肪不多，并均匀分布，无膻味。

3. 胴体品质

成年肉羊的屠宰率高，屠宰后皮下脂肪含量低。胴体分割后，前腿、颈部、躯干的产肉量高，且肉质细嫩，适口性好，在市场上畅销。

4. 繁殖性能

高繁殖力是发展肉羊业的一个重要的经济性状，也是肉用羊的重要特性。成年母羊繁殖性能强，性成熟适中，其繁殖季节不明显，一般母羊秋季为自然发情配种的高峰期，春、夏季节也有母羊出现发情症状。母羊窝平均产羔2~3只，产羔率在180%~200%，断奶活羔在2只以上。母羊泌乳力强，在正常放牧和适当补喂精饲料的情况下，一般每只泌乳母羊一天可泌乳2.5 kg以上，能较好地维持多羔在哺乳期生长发育的需要。此外，肉用品种母羊应具有保仔性好、泌乳力高的特点。

5. 杂交利用

养殖场（户）有计划地引进国内外优良肉羊品种进行肉羊品种之间的杂交改良，或在肉羊品种内进行品系之间的杂交利用，是有效提高肉羊个体产肉量和肉品品质的重要方法。我国肉羊品种众多，经过千百年来人们不断的自然选育淘汰，绝大多数肉羊品种均表现出对当地自然气候条件适应性强、耐粗饲、抗病力强、性成熟早、繁殖能力强、肉羊适时屠宰后肉质鲜嫩，烹饪后味香可口且香味流长等优点，但我国的一些地方肉羊品种也表现出生长发育缓慢、饲料报酬低、个体体型小且产肉量低等缺点。鉴于肉羊品种之间的杂交改良或肉羊品种内品系之间的杂交利用具有提高肉羊个体产肉量和肉品品质的作用，肉羊养殖场（户）对育肥肉羊养殖可广泛推广使用二元杂交或多元杂交。

第二节　国外优质肉羊品种

一、杜泊羊

杜泊羊原产于南非，由有角陶赛特羊和黑头波斯羊杂交培育而成。呈典型的筒状，无角，头部有白头和黑头之分，其余部位均为白色。在良好管理下可达到2年3胎，产羔率200%。母羊产乳量高，护羔好。

初生公羔羊重5.20 kg，母羔羊重4.40 kg，3月龄公羔羊重33.40 kg，母羔羊重 29.30 kg；6 月龄公羔羊重 59.40 kg，母羔羊重 51.40 kg；12 月龄公羊重 82.10 kg，母羊重 71.30 kg；18 月龄公羊重 106.20 kg，母羊重 80.20 kg；24 月龄公羊重 120.00 kg，母羊重 85.00 kg。公羔羊和母羔羊的日增重在 1 月龄时分别为 350 g 和 330 g，1~3 月龄时分别为 300 g 和 250 g，3~6 月龄时分别为 290 g 和 250 g。杜泊羊的性成熟期一般在 5~6 月龄，母羊的性成熟期一般为 5 月龄，母羊发情期多在 8 月至翌年 4 月，母羊的繁殖性能与其营养和管理水平有极大相关性。杜泊羊母羊的产羔率一般是 140%，如有良好的营养和管理条件，两年内可产三胎，产羔率超过 180%。

同时，母羊具有较强的泌乳能力和良好的护羔性。杜泊羔羊生长迅速，断奶体重大，这是肉用绵羊生产的重要经济特性。中国已于 2001 年少量引进杜泊羊，并与小尾寒羊进行了杂交改良试验。

二、萨福克羊

萨福克羊原产于英国的萨福克、诺福克剑桥和艾塞克斯等地，是由南丘羊与瘦肉率高的黑面有角诺福克羊杂交育成的品种。体格较大，头短而宽，公羊、母羊均无角，颈短粗，胸宽，背、腰和臀部长宽而平；肌肉丰满，后躯发育良好；头和四肢为黑色。

成年公羊体重 90~100 kg，成年母羊体重 65~70 kg，剪毛量成年公羊 5~6 kg，成年母羊 3~4 kg。萨福克羊的特点是早熟、生长发育快、产肉性能好、产羔率为 141.7%~157.7%。经育肥的 4 月龄公羔胴体重 24.2 kg，4 月龄母羊胴体重为 19.7 kg，并且瘦肉率高，是生产大胴休和优质羔羊肉的理想品种。

三、德国美利奴羊

德国美利奴羊原产于德国，体格大，结实，成熟早，胸宽深，背腰平直，肌肉丰满，后躯发育良好。公羊、母羊均无角。颈部和体躯皆无皱褶。被毛白色，密而长，弯曲明显。

德国美利奴羊生长发育快，早熟，肉用性能好，成年公羊体重 90~100 kg，成年母羊体重 60~65 kg；剪毛量成年公羊 10~11 kg，成年母羊 4.5~5 kg。12 月龄可以配种，产羔率为 140%~175%。羔羊生长发育快，日增重 300~350 g。

四、无角陶赛特羊

无角陶赛特羊原产于澳大利亚，公羊、母羊均无角，全身被毛白色。头短而宽，颈粗、短，胸宽深，背腰平直，后躯丰满，四肢短粗，整个躯体呈圆筒状，体质结实。无角陶赛特羊生长发育快，早熟，全年发情配种产羔。

该品种成年公羊体重 90~110 kg，成年母羊体重 65~75 kg，剪毛量 2~3 kg，净毛率 60%左右，毛长 7.5~10 cm，羊毛细度 56~58 支。产羔率 137%~175%。经过育肥的 4 月龄羔羊的胴体重，公羔为 22 kg，母羔为 19.7 kg。

20 世纪 80 年代以来，新疆、内蒙古等地和中国农业科学院畜牧研究所，先后从澳大利亚引入的无角陶赛特羊。目前，无角陶赛特羊基本上能较好地适应新疆的草场条件，不挑食，采食量大，上膘快。但由于其腿较短，不宜在坡度较大、牧草较稀的草场放牧。饲养在北方的无角陶赛特羊，对某些疾病的抵抗力较差，尤其是羔羊，羔羊脓疱性口膜炎、羔羊痢疾、网尾线虫病、营养代谢病等的发病率较高，因此在管理和防疫上应予以加强。

五、夏洛莱羊

夏洛莱羊产于法国中部的夏洛莱地区，是世界上最优秀的肉用绵羊品种之一。具有早熟、耐粗饲、采食能力强、育肥性能好等特点，能适应我国北方夏天炎热和冬天寒冷的气候条件，对干燥气候也能很好地适应。夏洛莱羊公羊、母羊都无角，头部无毛，脸部呈粉红色或灰色，额宽，耳大直立，颈短粗。夏洛莱羊具有典型的肉用羊体型，体躯长、胸深、肩宽、臀厚，背腰平直，后躯丰满，肌肉发达，前后裆宽，呈倒“U”形，四肢较短无毛，被毛细、密、短。

夏洛莱羊性情活泼好动，喜干燥，爱清洁，喜欢在较为开阔的自然环境中栖息和活动。夏洛莱羊生长速度快，4 月龄育肥羔羊体重为 40 kg；周岁公羊体重为 80 kg，周岁母羊体重为 60 kg；成年公羊体重为 130 kg，成年母羊体重为 100 kg。夏洛莱羊属季节性自然发情，发情时间集中在 9—10 月，平均受胎率为 95%，妊娠期 146 d。夏洛莱羊公羊初配年龄为 9~12 月龄，母羊初配年龄为 6~7 月龄。夏洛莱羊产羔率可达 190%，泌乳性能良好。

夏洛莱羊采食能力和消化能力强，能充分吸收各种饲草的营养，在我国适宜农户小规模散养和规模化养殖，最好半放牧半舍饲形式相结合。夏洛莱羊要求有良好的饲养环境和营养条件，饲草料要丰富，产肉性能才能得以最大利用，目前我国多数省份均有饲养。

六、特克赛尔羊

特克赛尔羊属肉毛兼用型品种，原产于荷兰。具有多胎、羔羊生长快、体大、产肉、产毛性能好和适应性强等特征，是国外肉脂绵羊名种之一，是羊育种和经济杂交非常优良的父本品种。

特克赛尔羊体型短且粗，头宽短，耳长大，公羊、母羊均无角，眼大突出，鼻镜、眼圈部位皮肤为黑色，被毛全白，头部、四肢无毛覆盖，四蹄为黑色，体躯呈长圆筒状，颈短粗，肩宽平，胸宽深，背腰长而平，后躯发育好，肌肉充实。

特克赛尔羊体型较大，羔羊平均初生重为 4.5 kg，2 月龄平均体重为 24 kg，4 月龄平均体重为 42 kg，6 月龄平均体重为 55 kg，成年公羊体重 110 kg，成年母羊体重 85 kg。母羊 7～8 月龄便可配种，且发情季节较长，80%的母羊产双羔，在良好的饲养条件下可 2 年产 3 胎，产羔率为 200%。

特克赛尔羊对生活环境的适应性十分广泛，能忍耐干旱、半干旱的气候条件，不喜欢高湿高温环境，适合在-30～35℃的地区生长，具有较强的耐粗饲和抗病能力。另外，特克赛尔羊肉质细嫩、多汁、色鲜、肥瘦适度。因此，特克赛尔羊的养殖前景十分广阔。

七、波尔山羊

波尔山羊原产于南非，具有强健的头，眼睛清秀，罗马鼻，头颈部及前肢比较发达，背部结实宽厚，腿臀部丰满，四肢结实有力。毛色为白色，但头部、耳部颜色可以是浅红色至褐色，不超过肩部，双侧眼睑有色。波尔山羊体格大，生长发育快。成年公羊、母羊分别重 90～135 kg 和 60～90 kg。羔羊初生重 3～4 kg，断奶重 27～30 kg，1 岁内日增重约 190 g，断奶前日增重超过 200 g，6 月龄羔羊重约 40 kg，肉用性能很好。8～10 月龄、1 岁、2 岁、3 岁、4 岁的屠宰率分别为 48%、50%、52%、54%和 56%～60%。胴体瘦而不干，肉厚而不肥，肉的膻味淡且多汁嫩滑，深受消费者喜爱。产羔率为 160%～180%，多胎率高，单羔率为 7.6%，双羔率为 56.5%，三羔率为 33.2%，四羔率为 2.4%，五羔率为 0.3%。波尔山羊的胴体瘦而不干，肉厚而不肥，色泽纯正，膻味小，多汁鲜嫩。由于波尔山羊体质强壮，四肢发达，善于长距离采食，可以采食灌木枝叶，适于灌木林及山区放牧，在没有灌木林的草场放牧以及舍饲都表现很好。波尔山羊对热带、亚热带及温带气候都有较强的适应能力，而且抗病力强，对蓝舌病、肠毒血症及氢氰酸中毒症等抵抗力很强，对体内寄生虫的侵害也不像其他品种那么敏感。

八、努比亚山羊

努比亚山羊是一种肉、乳、皮兼用型山羊，原产于苏丹、埃及及其邻近国家。欧美各国饲养的努比亚山羊，是用本地母山羊与从非洲引入的努比亚公山羊进行杂交培育而成的。我国引入的努比亚山羊则多从英国、澳大利亚、美国等国引入。

努比亚山羊具有贵族气质，公羊、母羊均无须无角，体格较大，面部轮廓清晰，外表清秀，鼻骨隆起。长宽的耳朵紧贴头部且下垂；颈部较长，体躯较短，呈圆筒状，前胸肌肉较丰满。毛短细，色较杂，有纯白毛色，但更多的是带白斑的红色、暗红色和黑色。

成年母羊平均体重 61.23 kg，成年公羊平均体重 79.38 kg。母羊乳房较大，发育良好。一般为 5~6 个月的泌乳期，盛产期日产奶 2~3 kg，产奶量为 300~800 kg，乳脂率较高，可以达 4%~7%。努比亚山羊泌乳性能好，产肉能力较强，繁殖率高，1 年可产 2 胎，通常每胎为 2~3 羔。

九、考力代羊

考力代羊原产于新西兰，公羊、母羊均无角，颈短而宽，背腰宽平，肌肉丰满，后躯发育良好，四肢结实，长度中等。头部、耳部、四肢带黑斑，嘴唇及蹄为黑色，被毛白色，弯曲明显，匀度良好，强度大，油汗适中。成年公羊体重 100~105 kg，成年母羊体重 46~65 kg。剪毛量，成年公羊 10~12 kg，成年母羊 5~6 kg。产羔率为 110%~130%，考力代羊具有良好的早熟性，4 月龄羔羊体重可达 35~40 kg。20 世纪 50 年代以前我国曾引入，后来又从新西兰和澳大利亚多次引入。考力代羊是东北细毛羊、贵州半细毛羊新品种，以及山西陵川半细毛羊新类群。

第三节　国内优质肉羊品种

一、大尾寒羊

大尾寒羊原产于河北、河南和山东 3 省交界的地区，河南和山东的大尾寒羊数量较少，河北大尾寒羊数量较多，已超过 30 万只。大尾寒羊头略显长，额宽，鼻梁隆起，耳大下垂，公羊、母羊均无角，颈较细长，胸窄，前躯发育较差，后躯发育较好，四肢健壮。脂尾大而肥厚，下垂至飞节以下，长者可接近或拖及地面，尾尖向上翻卷，形成明显尾沟。被毛绝大部分为白色，杂色斑点少，腹下基本无毛。

成年公羊体重平均 72 kg，成年母羊体重为 52 kg，周岁公羊平均体重为 51.5 kg，周岁母羊为 43 kg。产区内每年剪毛 2~3 次，剪毛量成年公羊平均 3.3 kg，成年母羊平均 2.7 kg，净毛率 45%~63%。大尾寒羊的被毛可分为同质毛型、基本同质毛型和异质毛型，其构成前者占 40%，后两者各占 30%。因此，大尾寒羊的羊毛品质远比国内其他异质粗毛品种羊优秀。大尾寒羊产肉性能好。据测试，6~8 月龄公羔，胴体重 20.62 kg，净肉重 11.87 kg，尾脂重 4.76 kg，屠宰率 52.23%，胴体净肉率 81.04%，尾脂重占胴体重的 23.08%。大尾寒羊每生产 1 kg 肉即可生产 0.5 kg 脂肪，脂肪主要囤积在尾巴，肾脂很少，随着年龄的增加，产脂性能有所下降。大尾寒羊性成熟早，常年可以发情配种，一般年产 2 胎或两年内产 3 胎，平均单次产羔率为 185%~196%，大尾寒羊生长发育快，成熟早，产肉性能好，繁殖率高，尤以被毛品质好而闻名。

二、阿勒泰大尾羊

阿勒泰大尾羊分布地为阿勒泰地区的福海县、阿勒泰市以及富蕴县。头部大小适中，鼻梁略隆起，公羊的鼻梁隆起较明显。耳朵大而下垂，公羊有较大螺旋角，母羊大多角小。颈长中等，胸宽深，腰背平直，肌肉发达。后躯比前躯高。大腿肌肉丰满，四肢高大强壮。脂尾呈方形或圆形，覆盖着又短又深的毛发。

成年公、母羊分别重 85.6 kg 和 67.4 kg。成年羯羊和 5 月龄羯羊的屠宰率分别为 53% 和 48.1%。阿勒泰大尾羊羊毛品质差，颜色混杂。成年公羊年平均剪毛量为 2.47 kg，成年母羊年平均剪毛量为 2.07 kg。平均产羔率为 110.3%。

三、小尾寒羊

小尾寒羊是我国著名的地方优良绵羊品种之一，产于河北南部、河南东部和东北部、山东南部及安徽北部、江苏北部，其祖先是很早就从北方草原地区迁移过来的蒙古羊，在产区优越的生态经济条件和饲养者的精心选育下，形成了生长快、繁殖力高、适宜分散饲养、舍饲为主的农区优良绵羊品种。小尾寒羊体质结实，鼻梁隆起，耳大下垂，四肢较长，体躯高，前后躯均较发达，脂尾短，一般都在飞节以上，呈圆扇形。尾表正中有一浅沟，尾尖向上反转紧贴于沟中（尾形是鉴别小尾寒羊纯种的主要标志）。公羊有大的螺旋形角，前胸较深，鬐甲高，背腰平直，体躯高大，侧视呈长方形，四肢长而粗壮，被毛多为白色，少数羊只在眼圈周围有黑色刺毛。

成年公、母羊分别重94.1 kg和48.7 kg，剪毛量分别为3.5 kg和2.1 kg，净毛率为63%。3月龄羔羊和母羊平均断奶重分别为20.8 kg和17.2 kg。3月龄羔羊平均屠宰重8.49 kg，净肉重6.58 kg，屠宰率为50.6%，净肉率为39.21%；1岁公羊平均胴体重40.48 kg，净肉重33.41 kg，屠宰率和净肉率分别为60%和45.89%。主产区公羊的体高、体长、胸围、尾长和尾宽分别为90.9 cm、91.9 cm、107.0 cm、25.0 cm和20.5 cm，母羊的体高、体长、胸围、尾长和尾宽分别为77.1 cm、77.5 cm、87.5 cm、24.6 cm和15.2 cm。母羊可1年2产或2年3产，平均产羔率为261%。

四、乌珠穆沁羊

乌珠穆沁羊产于内蒙古自治区锡林郭勒盟东部乌珠穆沁草原，主要分布在东、西乌珠穆沁旗及阿巴哈纳尔旗、阿巴嘎旗部分地区。乌珠穆沁羊头中等大小，额稍宽，鼻梁微凸，耳大下垂，公羊有角或无角，母羊多数无角。体格高大，体躯长，背腰宽，肌肉丰满，后躯发育快，贮积脂肪能力强，肉质鲜美细嫩。

乌珠穆沁羊成年公羊体重74.43 kg，成年母羊体重58.4 kg；周岁公羊体重50.75 kg，周岁母羊体重46.67 kg。产羔率平均为100.2%。初生羔羊体重公羔4.58 kg，母羔3.82 kg；断奶公羔重33.9 kg，母羔重31.2 kg。乌珠穆沁羊产肉性能良好，6月龄羯羔，宰前活重35.7 kg，胴体重17.9 kg，净肉重11.8 kg，尾脂重1.7 kg，屠宰率50.0%，净肉率65.9%，尾脂重占胴体重的9.5%。产羔率在100.2%左右。利用该羊生产肥羔，市场前景广阔。

五、兰州大尾羊

兰州大尾羊主要产于兰州及其郊区县。产区大部分属黄土高原丘陵沟壑区，海拔1 500~3 000 m。兰州大尾羊被毛纯白，头大小中等，公羊、母羊均无角，耳大略向前垂，眼圈淡红色，鼻梁隆起。颈较长而粗，胸宽深，背腰平直，肋骨开张良好，臀部略倾斜，四肢相对较长，体型呈长方形。脂尾肥大，方圆平展，自然下垂达飞节下，尾中有沟，将尾部分为左右对称两瓣，尾尖外翻，紧贴中沟，尾面着生被毛，内面光滑无毛，呈淡红色。兰州大尾羊体格大，早期生长发育快，肉用性能好。

成年公羊体重 57.89 kg，成年母羊体重 44.35 kg，周岁公羊体重 53.1 kg，周岁母羊体重 42.6 kg；10 月龄羯羔胴体重 21.34 kg，净肉重 15.04 kg，脂尾重 2.46 kg，屠宰率 58.57%，胴体净肉率 78.17%，尾脂重占胴体重的 11.46%。兰州大尾羊母羔 7~8 月龄开始发情，公羔 9~10 月龄可以配种。饲养管理条件好的母羊一年四季均可发情配种，两年产 3 胎，产羔率为 117.02%。

六、多浪羊

多浪羊是新疆的一个优良肉脂兼用型绵羊品种，主要分布在塔克拉玛干大沙漠的西南边缘，叶尔羌河流域的麦盖提、巴楚、岳普湖、莎车等县。多浪羊是用阿富汗的瓦尔吉尔肥尾羊与当地土种羊杂交，经 70 余年的精心选育培育而成。多浪羊头较长，鼻梁隆起，耳大下垂，眼大有神，公羊无角或有小角，母羊皆无角，颈窄而细长，胸宽深，肩宽，肋骨弓圆，背腰平直，躯干长，后躯肌肉发达，尾大而不下垂，尾沟深，四肢高而有力，蹄质结实。初生羔羊全身被毛多为褐色或棕黄色，也有少数为黑色，个别为白色。第一次剪毛后，体躯毛色多变灰白色或白色，但头部、耳部及四肢仍保持初生时毛色，一般终生不变。

多浪羊肉用性能好，周岁公羊胴体重 32.71 kg，净肉重 22.69 kg，尾脂重 4.15 kg，屠宰率 56.1%，胴体净肉率 69.38%，尾脂重占胴体重的 12.69%，周岁母羊上述指标相应为 23.64 kg、16.9 kg、2.23 kg、54.81%、71.49%和 9.81%；成年公羊上述指标相应为 59.75 kg、40.56 kg、9.95 kg、59.75%、67.88%和 16.7%；成年母羊上述指标相应为 55.2 kg、25.78 kg、3.29 kg、55.20%、46.70%和 9.25%。多浪羊性成熟早，在舍饲条件下常年发情，初配年龄一般为 8 月龄，大部分母羊可以两年产 3 胎，饲养条件好时 1 年可产 2 胎，双羔率可达 50%~60%，3 羔率 5%~12%，并有产 4 羔者。据调查，80%以上的母羊能保持多胎的特性，产羔率在 200%以上。成年公羊产毛量 3~3.5 kg，成年母羊 2~2.5 kg。

多浪羊尚有许多不足之处，如四肢过高，颈长而细，肋骨开张不理想，前胸和后腿欠丰满，有的个体还出现凹背、弓腰，尾脂过多，毛色不一致，被毛中含有干死毛等。

七、同羊

同羊主要分布在陕西省渭北的东部和中部，包括韩城、宜川、黄龙合阳、大荔、薄城等16个县（市）。同羊的祖先可能与大尾寒羊同宗，但因其所处地理位置，又吸收了不同程度的蒙古羊基因，经长期选育而成。同羊外形有角小如粟、耳薄如茧、肌细如箸、尾大如扇、体型如酒瓶5大特点。头大小中等，耳较大，公羊、母羊均无角，部分公羊有栗状角，颈部较长而细薄，但公羊略显粗壮。肩直，胸部较宽深，肋骨细如筷箸，弓张良好，公羊背部微凹，母羊短、直且较宽。腹圆大，尻斜短，整个体躯略显前低后高。尾大，分长、短脂尾两大类型，沉积大量脂肪，多有纵沟，尾尖上翘，夹于尾纵沟中，全身被毛纯白。头及四肢下部长短刺毛，腹毛着生不良。

同羊体格中等，成年公羊体重44 kg，成年母羊体重39. 16 kg；周岁公羊体重33. 1 kg，周岁母羊体重29. 14 kg。该品种的羔皮颜色洁白，有卷曲，花案美观悦目，即所谓“珍珠皮”，市场罕见。同羊常年发情，一般2年产3胎，每胎1羔，产双羔者很少。同羊肉肥嫩多汁，瘦肉绯红，肌纤维细嫩，烹之易烂，食之可口。

八、洼地绵羊

洼地绵羊主要分布于山东省滨州市。体质结实，结构匀称。被毛为白色，有少量枯毛，头部偶有黑褐色斑点。无角，鼻梁略隆起，耳朵略下垂。头部大小适中，头颈结合良好。公羊强壮，头大脖子粗，母羊头小脖子长。胸部、背部和腰部发育和结合良好。前胸较窄，后身发达，四肢较短。侧视为矩形。脂尾肥厚，呈圆方形。

一级成年公羊重67 kg，体长77 cm，胸围93 cm；母羊重45 kg，高65 cm，长71 cm，胸围85 cm。在常年放牧的饲养条件下6月龄公羊屠宰率达43%，净肉率达34%，8月龄公羊屠宰率为44%，净肉率为35%；12月龄公羊屠宰率为47%，净肉率为38%。母羊初情期为3. 5~4月龄，初配期为5. 5月龄。公羊8~10月龄可交配。母羊发情周期为18 d（±4 d），妊娠期为150 d。初产母羊产羔率为178%，经产母羊平均繁殖率为202. 98%。洼地绵羊有4个乳头，产羔率和泌乳量均高于双乳头羊。在皮毛品质方面，羔皮被毛洁白，花穗明显，羊皮致密、紧实、柔软、富有弹性。成年公、母羊年产毛量分别为

2.0 kg 和 1.8 kg，净毛率为 60%。被毛异质，无髓毛、有髓毛各占 52%、24%，两型毛约占 24%。

洼地绵羊是我国优良的肉羊品种，具有耐粗饲、抗逆性强等特点。

九、湖羊

湖羊是太湖平原重要的家畜之一。为稀有白色羔皮羊品种，具有早熟、四季发情、每胎多羔、泌乳性能好、生长发育快、改良后有理想产肉性能、耐高温高湿等优良性状，分布于我国太湖地区，终年舍饲，为中国羔皮用绵羊品种。产后 1~2 d 宰剥的小湖羊皮花纹美观，著称于世。湖羊体格中等，公羊、母羊均无角，头狭长，鼻梁隆起，多数耳大下垂，颈细长，体躯狭长，背腰平直，腹微下垂，尾扁圆，尾尖上翘，四肢偏细而高。被毛全白，腹毛粗、稀而短，体质结实，脂尾扁圆形，不超过飞节。

小母羊 4~5 月龄性成熟，营养良好的情况下可两年产 3 胎，每胎产羔 2~3 只，经产母羊平均产羔率 220%。泌乳量多，羔羊生长发育快，3 月龄断奶体重公羔 25 kg 以上，母羔 22 kg 以上。成年羊体重公羊 65 kg 以上，母羊 40 kg 以上，屠宰后净肉率 38%左右。

十、云岭山羊

云岭山羊是云南省数量最多、分布最广的地方山羊品种，属肉皮兼用型。主产区为云岭山脉及其余脉的哀牢山、无量山和乌蒙山延伸地区。云岭山羊头大小适中，呈楔形，额稍凸，鼻梁平直，鼻孔大。成年公羊、母羊有鬃，大部分有扁长而稍有弯曲的角。四肢粗短结实，姿势端正，蹄质坚实呈黑色。被毛粗而有光泽，毛色以黑色为主，还有少量的黑黄花、黄白花、黄色、杂色。羊只的腹毛、四肢内侧呈对称性的淡黄色。青色羊只的腹毛趋向白色。

羔羊平均初生重为 2 kg，周岁公羊体重 22.68 kg，周岁母羊体重 20.48 kg，成年公羊体重 39 kg，屠宰率 47.4%。板皮质地细致紧密，品质优良。云岭山羊一般在 7~8 月龄后初配，年产 2 胎或 2 年产 3 胎，年产 2 胎的母羊约占 10%，双羔率为 50%左右。

十一、黄淮山羊

黄淮山羊因广泛分布在黄淮流域而得名，饲养历史悠久，属皮肉兼用的地方优良山羊品种，主要产于河南省周口、商丘市，安徽省和江苏省徐州市。黄淮山羊具有性成熟早，生长发育快，四季发情，繁殖率高等优点，黄淮山羊板皮品质优良，主要用于出口。

黄淮山羊体质结实，骨骼较细，性情活泼，行动敏捷，素有“猴羊”之称。鼻梁平直，面部微凹，下颌有髯。分有角和无角两个类型，有角者，公羊角粗大，母羊角细小，向上向后伸展呈镰刀状；无角者，仅有0.5~1.5 cm的角基。颈中等长，胸较深，肋骨拱张良好，背腰平直，体躯呈筒形。种公羊体格高大，四肢强壮。母羊乳房发育良好、呈半圆形。毛被白色，毛短有丝光，绒毛很少。

黄淮山羊早期生长发育快，9月龄公羊平均体重为22 kg，母羊平均体重为16 kg；周岁羊的体重可达成年羊体重的80%，成年公羊体重为34 kg，成年母羊体重为26 kg，屠宰率50%左右，产区习惯于当年生羔羊当年屠宰，肉质鲜嫩，膻味小。黄淮山羊性成熟早，一般3月龄性成熟，4~5月龄即可配种，繁殖率高，母羊常年发情，部分母羊1年产2胎或2年产3胎，每胎平均产羔率为238.7%。

黄淮山羊对不同生态环境有较强的适应性，其板皮质量优良，呈蜡黄色，细致柔软，油润光亮，弹性好，是优良的制革原料。缺点是个体较小，通过与肉用山羊杂交，加强饲养管理，可提高黄淮山羊的产肉性能和屠宰率。

十二、马头山羊

马头山羊是南方山区优良肉用山羊品种。该山羊原产于湘、鄂西部山区，主要分布于湖南省的石门、慈利、芷江、新晃、桑植和郧阳等县区和湖北省恩施市。一般分布在海拔1 000 m以下地区，常年以放牧为主。马头山羊体质结实，结构匀称。全身被毛白色，毛短贴身，富有光泽，冬季长有少量绒毛。头大小适中，公羊、母羊均无角，但有退化角痕。耳向前略下垂，下颌有髯，颈下多有两个肉垂。成年公羊颈粗短，母羊颈较细长，头、颈、肩结合良好。前胸发达，背腰平直，后躯发育良好，尻略斜。四肢端正，蹄质坚实。母羊乳房发育良好。

成年公羊体重43.81 kg，成年母羊体重33.7 kg。马头山羊性成熟早，5月龄性成熟，但适宜配种月龄一般在10月龄左右。母羊四季均可发情配种，一般1年产2胎或2年产3胎，产羔率190%~200%。

十三、南江黄羊

南江黄羊原产于四川省南江县，又称亚洲黄羊，于1995年育成。南江黄羊头大小适中，耳大且长，鼻梁微拱；公羊、母羊分为有角与无角两种类型，其中有角者占61.5%，无角者占38.5%；公羊颈粗短，母羊细长，颈肩结合良好，背腰平直，前胸深广，尻部略斜；四肢粗长，蹄质坚实，呈黑黄色，整个体躯略呈圆筒形。南江黄羊被毛呈黄褐色，但颜面毛色黄黑，鼻梁两侧有一对称黄白色条纹，从头顶沿背脊至尾根有一条宽窄不等的黑色毛带，公羊前胸、颈下毛黑黄色较长，四肢上端着生黑色较长粗毛。南江黄羊生长发育快，体格大，肉用性能好。

周岁公羊体重34.43 kg，周岁母羊体重27.34 kg，成年公羊体重60.56 kg，成年母羊体重41.20 kg。南江黄羊性成熟早，3月龄就有初情表现，但母羊以6~8月龄、公羊以12~18月龄配种为佳。平均产羔率为194.62%，其中经产母羊为205.2%。南江黄羊板皮质地良好，细致结实，延伸率大，尤以6~12月龄的皮张为佳，厚薄均匀，富有弹性。

十四、成都麻羊

成都麻羊原产四川盆地西部的成都平原及其邻近的丘陵地区。成都麻羊是在特定的生态和经济条件下，经农民精心饲养和选育，形成目前肉乳兼用的优良地方良种。成都麻羊全身被毛呈棕黄色、色泽光亮，为短毛型。单根纤维颜色可分成3段，即毛尖为黑色，中段为棕黄色，下段为黑灰色，各段毛色所占比例和颜色深浅在个体之间及体躯不同部位略有差异。整个被毛有棕黄而带黑麻的感觉，故称麻羊；也有的群众认为，整个被毛呈赤铜色，故又称为“铜羊”。成都麻羊头中等大，两耳侧伸，额宽而微突，鼻梁平直，母羊大多数有角，公羊前躯发达、体型呈长方形，体态雄壮；母羊背腰平直，尻部略斜，乳房呈球形，体型较清秀，略呈楔形。

成都麻羊周岁公羊体重26.79 kg、周岁母羊体重23.14 kg，成年公羊体重43.02 kg，成年母羊体重32.6 kg。成都麻羊常年发情配种，产羔率205.91%，泌乳期5~8个月，可产奶150~250 kg。

十五、鲁山“牛腿”山羊

鲁山“牛腿”山羊是河南省鲁山县西部山区发现的体格较大的肉皮兼用山羊，其中心产区为鲁山县的四棵树乡。“牛腿”山羊为长毛型山羊，体型大，体质结实，骨骼粗壮，耐寒性强。侧视为方形，正视近圆筒形，具有典型的肉用羊特点，头短额宽，90%的羊有角，颈短而粗，背腰宽平，腹部紧凑，全身肌肉丰满，尤其臀部和肌肉发达，故以“牛腿”著称。

鲁山“牛腿”山羊生长发育快，周岁公羊体重 23 kg，周岁母羊体重 20.6 kg。鲁山“牛腿”山羊性成熟较早，母羊常年发情，初配年龄为 5~7 月龄，一般母羊 1 年产 2 胎或 2 年产 3 胎，产羔率 111%，羊群年繁殖率为 204%。

十六、陕南白山羊

陕南白山羊产于陕西南部地区，分布于汉江两岸的安康、紫阳、旬阳、白河、西乡、镇巴、平利、洛南、山阳、镇安等县，具有早熟、抓膘能力强，产肉力好的特点。

陕南白山羊头大小适中，鼻梁平直；颈短而宽厚；胸部发达，肋骨拱张良好，背腰长而平直，腹围大而紧凑；四肢粗壮；尾短小上翘；被毛以白色为主，少数为黑色、褐色或杂色；陕南白山羊分短毛和长毛两个类型。短毛型又分为有角和无角两个类型。

陕南白山羊成年公羊平均体重为 33 kg，成年母羊为 27.3 kg。陕南白山羊性成熟早，母羊初配年龄在 8~12 月龄。发情多集中在 5—10 月，繁殖率强，产羔率为 259%。陕南白山羊皮板品质好，致密，富弹性，拉力强，面积大，是良好的制革原料。陕南白山羊中的长毛型羊每年 3—5 月和 9—10 月各剪毛 1 次，不抓绒。

十七、雷州山羊

雷州山羊产于广东省雷州半岛和海南省，是以产肉、板皮而著名的地方山羊品种，成熟早，生长发育快，肉质和板皮品质好，繁殖率高，是我国热带地区的优良山羊品种。

雷州山羊体质结实，面直，额稍凸，公羊、母羊均有角，公羊角粗大，角尖向后方弯曲，并向两侧开张，耳中等大，向两边竖立开张，颌下有髯。公羊颈粗，母羊颈细长，颈前与头部相连处角狭，颈后与胸部相连处逐渐增大。背腰平直，乳房发育良好，多呈球形。毛色多为黑色，角蹄则为褐黑色，也有少数为麻色及褐色。麻色山羊除被毛黄色外，背浅、尾及四肢前端多为黑色或黑黄色，面部有黑白纵条纹相间，或腹部及四肢后部呈白色。

雷州山羊成年公羊平均体重为 54.1 kg、母羊平均体重为 47.7 kg，屠宰率为 50%~60%，肉味鲜美，纤维细嫩，脂肪分布均匀，膻味小。雷州山羊板皮，具有皮质致密、轻便、弹性好、皮张大的特点，熟制后可染成各种颜色。

雷州山羊性成熟早，4 月龄即可性成熟，11~12 月龄即可初配，产羔率为 150%~200%。根据体型可将雷州山羊分为高脚种和矮脚种两个类型。矮脚种多产双羔，高脚种多产单羔。

十八、贵州白山羊

贵州白山羊原产于黔东北乌江中下游的沿河、思南、务川等县，分布在贵州遵义、铜仁两地，黔东南苗族侗族自治州、黔南布依族苗族自治州也有分布。具有产肉性能好、繁殖力强、板皮质量好等特性。

公羊、母羊均有角，角向同侧后上方扭曲生长；有须，腿较短，背宽平，体躯较长、大、丰满，后躯发育良好；头宽额平，颈部较圆，部分母羊颈下有 1 对肉垂，胸深，背宽平，体躯呈圆筒状，体长，四肢较矮。被毛以白色为主，其次为麻色、黑色、花色，被毛较短。少数羊鼻部、脸部、耳部皮肤上有灰褐色斑点。

贵州白山羊周岁公羊平均体重为 19.6 kg，周岁母羊平均体重为 18.3 kg；成年公羊体重 32.8 kg，成年母羊为 30.8 kg。贵州白山羊性成熟早，公羔、母羔在 5 月龄即可发情配种，但一般在 7~8 月龄才配种。常年发情，1 年产 2 胎，从 1~7 胎（4 岁左右）产羔率逐渐上升，为 124.27%~180%，品种平均产羔率 273.6%，年繁殖存活率为 243.19%。

十九、沂蒙黑山羊

沂蒙黑山羊产于山东沂蒙山地区，是山东省地方优良黑山羊品种，是在山区自然条件下形成的一个肉、绒、毛、皮多用型品种，属绒、毛、肉兼用型羊。沂蒙黑山羊具有体格大、耐粗饲、适应性强，生产性能高、体貌统一、遗传性能稳定、肉绒兼用等特点，适宜山区放牧。其羊绒质量高、光泽好、强度大、手感柔软；其肉质色泽鲜红、细嫩、味道鲜美、膻味小，是理想的高蛋白、低脂肪、富含多种氨基酸的营养保健食品。

沂蒙黑山羊共有“花迷子”“火眼子”“二粉子”和“秃头”4 个品系。主要特点是头短、额宽、眼大、角长而弯曲（95%以上的羊有角）。颌下有胡须，背腰平直，胸深肋圆，体躯粗壮，四肢健壮有力，耐粗抗病，合群性强。该羊生长在沂蒙山区海拔较高的突出地带蒙山、鲁山及沂河、沭河上游，那里气候温和，雨水充沛，树木、水草茂盛，饲料资源丰富。该山羊灵敏活泼、喜高燥，爱洁净，抗病力强，耐粗饲，适应性强，爱吃吊草，善于爬山，能在高山悬崖陡壁上放牧采食，素有“山羊猴子”之称。

二十、槐山羊

槐山羊原产于河南省周口市和安徽省西北部阜阳市，是优良的肉羊和板皮品种。槐山羊全身被毛为白色，有角或无角，体型中等。

成年公羊平均体重 34 kg，平均体高 66 cm，体长 67.4 cm，胸围 77.7 cm；成年母羊平均体重 25.7 kg，平均体高 54.3 cm，体长 58.1 cm，胸围 71.2 cm。

槐山羊繁殖力强，母羊终年可发情，平均每年可产羔 2 胎，3~4 月龄可达到性成熟，5~8 月龄可达到初配年龄，产羔率平均可达 258%，周岁阉羊平均体重 22 kg，胴体重 10.6 kg，脂肪重 1.1 kg，屠宰率 52.9%，净肉率可达 37.8%，周岁羊平均胴体重 8.5 kg，屠宰率 46.6%，净肉率 34.6%。

第二章　现代肉羊营养与饲料生产技术

第一节　肉羊消化生理特点

一、羊的主要器官和功能

羊有四个胃室，其中，瘤胃、网胃和瓣胃，被称为前胃，其黏膜上没有胃腺，也不分泌消化液。皱胃则有胃腺，也分泌胃液，并且胃液中含有酶，它的功能是分解复杂的物质，和单胃动物一样。

1. 瘤胃

羊的四个胃的容积各不相同，其中瘤胃的容积最大，占总胃容积的 78%~85%。瘤胃是天然的发酵罐，它不仅可以使羊在短期内大量进食，而且为瘤胃微生物的存活和发酵提供了优良的条件，进而提供给羊所需的营养。

2. 网胃

对饲料有二次研磨作用，微生物消化在此继续进行，网胃参与羊的反刍。

3. 瓣胃

瓣胃内壁有很多皱纹，这使得它的研磨作用非常强，食糜在此变得更细。

4. 皱胃

皱胃也叫作真胃。胃壁黏膜有腺体，腺体分泌胃液，以化学方式消化食物。

5. 小肠

羊的小肠长约 25 m，食物经胃研磨后进入小肠，被小肠内的消化液以化学的方式消化、吸收。由于小肠的蠕动，未被消化、吸收的食物被输送至大肠。

6. 大肠

羊大肠的直径比小肠要大，但长度相对较短。大肠的生理功能主要是吸收水分以及产出粪便。未经小肠消化、吸收的食物被输送至大肠后，还可以在微生物和酶的作用下继续被消化、吸收，剩下的食物残渣从身体排出。

羊胃总体积一般约为 30 L，瘤胃为 23.5 L，网胃为 2 L，瓣胃为 1 L，皱胃为 3.5 L；小肠的长度为 17~34 m（平均 25 m），大肠的长度为 4~13 m。

二、瘤胃微生物和消化特性

1. 瘤胃微生物

瘤胃是反刍动物的食物贮藏场所。除了机械功能外，瘤胃中还存在着众多的微生物，包括细菌、原虫和厌气性真菌等，其中细菌起主导作用。

（1）细菌

瘤胃中存在诸多的细菌，其作用也各不相同。例如，纤维素分解菌能借助分泌出的纤维素分解瘤胃中的酶，为羊生产挥发性脂肪酸，它对 pH 值的变化非常敏感，如果胃液 pH 值低于 6.2，它的生长将受到严重抑制。最主要的 3 种纤维素分解菌是白色瘤胃球菌、黄色瘤胃球菌以及产琥珀酸拟杆菌。再如，产氨菌通过分解蛋白质制造氨气，包含多种细菌。

（2）原虫

瘤胃中的原虫主要有纤毛虫与鞭毛虫两种。原虫可以利用纤维素，但淀粉与可溶性糖才是它的主要发酵基质。原虫通过降低淀粉与可溶性糖的浓度，调节瘤胃中挥发性脂肪酸的产生，保持瘤胃 pH 值恒定。原虫也有负营养作用，会降低纤维物质在瘤胃中的利用率。此外，由于原虫体积大，在瘤胃中停留时间长，大多数原虫自溶死亡，不再进入后续的消化系统供羊使用。

（3）厌气性真菌

主要成分之一是藻红真菌属。这种微生物能从内部降低木质素纤维的强度，使纤维变得易于破裂，为纤维素分解菌的栖息、生长和繁殖提供有利条件。它还能发酵多种营养成分，如淀粉、半纤维素和糖类等。

2. 消化特性

（1）反刍

反刍是羊正常的消化生理功能。羊可以在短期内大量食用草料，然后在瘤胃中浸泡、混合、发酵后反刍。反刍时，食团被羊逆吐到口中，羊将其咀嚼 70~80 次，再将咀嚼后的草料咽入瘤胃，一次次重复该过程。羊每天反刍约 8

次，反刍食团大约500个。每次反刍需要进行40~60 min，有时长达1.5~2 h。反刍的次数和持续时间与饲料种类、品质、制备方法，以及羊的身体状况有关。精力不足、疾病或来自外界的不良刺激都会引起反刍的紊乱或停止，从而对羊的健康产生不利影响。

反刍是羊重要的消化生理特性。停止反刍是发病的前兆，不反刍会导致瘤胃臌气和羊死亡，反刍大约在羔羊出生后20 d开始。通过在哺乳早期饲喂易消化的颗粒饲料，可使反刍活动提前发生。

（2）瘤胃消化功能的特点

①分解粗纤维　羊对粗纤维的消化率为50%~80%（平均为65%）。粗纤维在瘤胃中被微生物降解成为低分子脂肪酸，然后通过瘤胃壁吸收进入羊体肝脏合成糖原并提供能量。羊24 h分解粗纤维产生的脂肪酸可达到500 g，可满足其40%的能量需求，其中主要是乙酸。

②合成菌体蛋白，提高日粮品质　日粮中含有含氮化合物，它们在瘤胃中被微生物降解为肽。合成菌体蛋白的原料是氨基酸和氨。一些氨在瘤胃中被吸收并在肝脏中合成尿素。大多数尿素能随唾液进入瘤胃，被微生物降解利用。瘤胃中未分解的蛋白质进入皱胃和小肠，在胃和肠中被蛋白酶消化吸收。

瘤胃发酵既可以改善日粮的蛋白质品质，又可以充分利用羊的非蛋白氮。瘤胃中饲料的蛋白质的消化量由瘤胃降解率及饲料在瘤胃中的停留时间决定。非蛋白氮在瘤胃中分解迅速，几乎会完全分解，饲料中约70%的可消化蛋白质发生水解。总氮含量、蛋白质含量和可发酵能的浓度是影响瘤胃微生物蛋白质合成的关键因素。锌、铜、钼等微量元素对瘤胃微生物合成菌体蛋白也有一定的影响。

③合成维生素　微生物在瘤胃中可以合成维生素B_{12}、维生素B_1、维生素B_2、维生素B_6、维生素K、泛酸和烟酸等物质。这些微生物在正常条件下保持相对稳定的菌群活性，并受饲料类型和质量的影响。突然改变饲料或食用过多的精饲料会破坏微生物菌群活动，导致羊消化、代谢功能紊乱。因此，在将尿素添加到粗饲料中时，必须保证一定的能量水平。

④氢化脂类　瘤胃微生物还可以氢化脂类，将牧草中的不饱和脂肪酸转化为羊体内的硬脂酸。同时，它还可以合成脂肪酸。

第二节　肉羊营养需要

肉羊所需的营养物质包括蛋白质、碳水化合物、脂肪、无机盐、维生素和水分等，这 6 类营养物质除水分外，其余皆需从草料中获取。

一、蛋白质

蛋白质是由氨基酸组成的含氮化合物，是羊体各种细胞的主要构成物质，是组织生长和修复的重要原料。羊和单胃动物相比，对蛋白质品质要求不甚严格，除正在生长发育的幼羊和繁殖期母羊外，平时对日粮中必需氨基酸的需求不太突出。反刍家畜，能将食入的纤维素在瘤胃微生物的作用下分解转变为各种营养物质，并能合成必需氨基酸，因此，在放牧吃青草时，一般不缺乏必需氨基酸，枯草期的冬、春季节，饲草料中蛋白质的含量低，可能会缺乏氨基酸，应注意给羊补充蛋白质饲料。

二、碳水化合物

饲料中的碳水化合物是供羊维持和生产的主要能源物质，由粗纤维和无氮浸出组成。羊得不到足够的碳水化合物时，就要运用体内的脂肪甚至蛋白质来供应热能，这时羊就会消瘦，不能正常生产和繁殖。相反，当碳水化合物过剩时，就形成脂肪蓄积于体内，羊就长得肥胖。

虽然粗纤维的营养价值很低，但对羊却很重要。羊对纤维素的消化能力比其他家畜强，这也是羊在荒漠、半荒漠、灌木丛生的山区等环境中可以很好生存生产的主要原因。肉羊日粮中粗纤维的最适宜水平为 20%左右。

三、脂肪

饲料中的脂肪也是供给羊热能的一个来源，它的产热量是同量蛋白质和碳水化合物的 2. 25 倍。脂肪是山羊体组织的重要成分。山羊的日粮中一般不缺乏脂肪。

四、矿物质

羊的生长发育过程中，钙、磷的需要量较大，特别需要指出的是，硫是构成山羊绒毛不可缺少的营养素，足够的硫对于提高绒毛产品和质量具有重要的作用。缺硫时，可发生涎过多，虚弱，食欲不振，消瘦，绒毛枯黄等现象。

五、维生素

维生素对羊体的健康、生长发育和繁殖有重要作用。饲草中缺乏维生素会引起疾病，如缺乏维生素 A，会阻碍羊的生长，使羊的繁殖率降低，母羊不孕或流产，常发夜盲症。缺乏维生素 D 影响对钙、磷的吸收，引起佝偻病。羊瘤胃内的微生物可合成维生素 B_1、维生素 B_2、维生素 B_{12}和维生素 K，因此，饲养中不必考虑此类维生素的补充。通常在饲养标准中只列出了维生素 A、维生素 D 和维生素 E 的需要量，单位是 IU。只要喂给足够数量的青干草、青贮或青绿饲料，羊所需要的各种维生素均能得到满足。

六、水

水对人、畜都是不可缺少的重要营养物质。为羊提供充足、卫生的饮水，是羊只健康的重要环节，是各种营养物质的溶剂。营养物质的消化、吸收、运输、排泄以及体内各种生理生化过程、调节体温、维持组织器官机能和形态的必要物质。

第三节　肉羊饲养标准

2004 年农业部实施了《肉羊饲养标准》（NY/T 816—2004），规定了肉用绵羊和山羊对日粮干物质采食量、消化能、代谢能、粗蛋白质、维生素、矿物质元素每日需要值。2021 年由农业农村部畜牧兽医局提出，全国畜牧业标准化委员会归口，中国农业科学院饲料研究所、内蒙古自治区农牧业科学院、河北农业大学、南京农业大学、山西农业大学和新疆畜牧科学院起草第一次修订，《肉羊饲养标准》（NY/T 816—2021）替代《肉羊饲养标准》（NY/T 816—2004），从 2022 年 6 月 1 日开始实施。

一、肉用绵羊的营养需要量

肉用绵羊哺乳羔羊的营养需要量见表 2-1。

表 2-1　肉用绵羊哺乳羔羊的营养需要量

体重（BW），kg	日增重（ADG），g/d	干物质采食量（DMI），kg/d	代谢能（ME），MJ/d	净能（NE），MJ/d	粗蛋白质（CP），g/d	代谢蛋白质（MP），g/d	净蛋白质（NP），g/d	钙（Ca），g/d	磷（P），g/d
6	100	0.16	2.0	0.8	33	26	20	1.5	0.8
	200	0.19	2.3	1.0	38	31	23	1.7	1.0

（续表）

体重（BW），kg	日增重（ADG），g/d	干物质采食量（DMI），kg/d	代谢能（ME），MJ/d	净能（NE），MJ/d	粗蛋白质（CP），g/d	代谢蛋白质（MP），g/d	净蛋白质（NP），g/d	钙（Ca），g/d	磷（P），g/d
8	100	0.27	3.2	1.4	54	43	32	2.4	1.3
	200	0.32	3.8	1.6	64	51	38	2.9	1.6
	300	0.35	4.2	1.8	71	56	42	3.2	1.8
10	100	0.39	4.7	2.0	79	63	47	3.5	2.0
	200	0.46	5.5	2.3	92	74	55	4.2	2.3
	300	0.51	6.2	2.6	103	82	62	4.6	2.6
12	100	0.53	6.2	2.6	103	83	62	4.6	3.6
	200	0.63	7.3	3.1	121	97	73	5.5	3.0
	300	0.69	8.1	3.4	135	108	81	6.1	3.4
14	100	0.52	6.4	2.7	106	85	64	4.8	2.7
	200	0.61	7.5	3.2	127	102	76	5.6	3.1
	300	0.67	8.4	3.5	139	111	83	6.3	3.5
16	100	0.64	7.5	3.3	129	103	77	5.8	3.2
	200	0.75	9.0	3.8	151	121	91	6.8	3.8
	300	0.84	9.8	4.3	167	134	101	7.5	4.2
18	100	0.75	8.4	3.8	152	122	92	6.7	3.7
	200	0.88	10.2	4.1	176	141	106	7.9	4.4
	300	0.98	11.6	4.9	195	155	118	8.8	4.9

肉用绵羊生长育肥公羊的营养需要量见表 2-2。

表 2-2　肉用绵羊生长育肥公羊的营养需要量

体重（BW），kg	日增重（ADG），g/d	干物质采食量（DMI），kg/d	代谢能（ME），MJ/d	净能（NE），MJ/d	粗蛋白质（CP），g/d	代谢蛋白质（MP），g/d	净蛋白质（NP），g/d	中性洗涤纤维（NDF），kg/d	钙（Ca），g/d	磷（P），g/d
20	100	0.71	5.6	3.3	99	43	29	0.21	6.4	3.6
	200	0.85	8.1	4.4	119	61	41	0.26	7.7	4.3
	300	0.95	10.5	5.5	133	79	53	0.29	8.6	4.8
	350	1.06	11.7	6.0	148	88	60	0.32	9.5	5.3

（续表）

体重（BW），kg	日增重（ADG），g/d	干物质采食量（DMI），kg/d	代谢能（ME），MJ/d	净能（NE），MJ/d	粗蛋白质（CP），g/d	代谢蛋白质（MP），g/d	净蛋白质（NP），g/d	中性洗涤纤维（NDF），kg/d	钙（Ca），g/d	磷（P），g/d
25	100	0.80	6.5	3.8	112	47	31	0.24	7.2	4.0
	200	0.94	9.2	5.0	132	65	44	0.28	8.5	4.7
	300	1.03	11.9	6.2	144	83	56	0.31	9.3	5.2
	350	1.17	13.3	6.9	157	92	62	0.35	10.5	5.9
30	100	1.02	7.4	4.3	143	51	34	0.31	9.2	5.1
	200	1.21	10.3	5.6	169	69	46	0.36	10.9	6.1
	300	1.29	13.3	7.0	181	87	59	0.39	11.6	6.5
	350	1.48	14.7	7.6	207	96	65	0.44	13.3	7.4
35	100	1.12	8.1	4.9	157	55	37	0.34	10.1	5.6
	200	1.31	10.9	6.1	183	73	49	0.39	11.8	6.6
	300	1.38	13.7	7.4	193	90	61	0.41	12.4	6.9
	350	1.50	15.1	8.1	224	99	67	0.48	13.6	8.0
40	100	1.22	8.7	5.4	159	78	39	0.43	11.0	6.1
	200	1.41	11.3	6.6	183	97	54	0.49	12.7	7.1
	300	1.48	13.9	7.8	192	117	68	0.52	13.3	7.4
	350	1.62	15.2	8.5	224	136	73	0.60	14.5	8.6
45	100	1.33	9.4	5.8	173	83	41	0.47	12.0	6.7
	200	1.51	12.1	7.1	196	103	56	0.53	13.6	7.6
	300	1.57	14.9	8.4	204	122	70	0.55	14.1	7.9
	350	1.70	16.3	9.0	221	141	77	0.65	15.4	9.3
50	100	1.43	10.0	6.3	186	88	44	0.50	12.9	7.2
	200	1.61	12.9	7.6	209	107	58	0.56	14.5	8.1
	300	1.76	15.8	8.9	216	131	72	0.58	14.9	8.3
	350	1.87	17.3	9.6	230	146	80	0.69	16.0	9.9
55	100	1.53	10.9	6.8	199	95	47	0.54	13.8	7.7
	200	1.72	13.9	8.1	225	110	62	0.68	15.4	8.7
	300	1.80	17.0	9.3	233	131	75	0.73	16.2	9.0
	350	1.95	18.5	10.0	255	150	84	0.85	17.7	10.1

（续表）

体重（BW），kg	日增重（ADG），g/d	干物质采食量（DMI），kg/d	代谢能（ME），MJ/d	净能（NE），MJ/d	粗蛋白质（CP），g/d	代谢蛋白质（MP），g/d	净蛋白质（NP），g/d	中性洗涤纤维（NDF），kg/d	钙（Ca），g/d	磷（P），g/d
60	100	1.63	11.8	7.5	212	101	50	0.57	14.7	8.2
	200	1.82	15.0	8.9	238	110	65	0.72	16.5	9.3
	300	1.91	18.2	10.3	248	139	78	0.77	17.2	10.0
	350	2.05	19.8	11.0	265	155	88	0.91	18.6	11.2

肉用绵羊生长育肥母羊的营养需要量见表 2-3。

表 2-3　肉用绵羊生长育肥母羊的营养需要量

体重（BW），kg	日增重（ADG），g/d	干物质采食量（DMI），kg/d	代谢能（ME），MJ/d	净能（NE），MJ/d	粗蛋白质（CP），g/d	代谢蛋白质（MP），g/d	净蛋白质（NP），g/d	中性洗涤纤维（NDF），kg/d	钙（Ca），g/d	磷（P），g/d
20	100	0.62	6.0	3.3	86	40	28	0.19	6.1	3.4
	200	0.74	8.7	4.5	104	57	40	0.22	7.3	4.0
	300	0.85	11.4	5.7	121	76	52	0.25	8.4	4.6
	350	0.92	12.7	6.3	129	84	58	0.28	9.1	5.0
25	100	0.70	6.9	3.8	97	44	30	0.21	6.9	3.8
	200	0.82	9.8	5.1	114	61	42	0.25	8.1	4.5
	300	0.93	12.7	6.4	131	80	54	0.27	9.2	5.1
	350	0.99	14.2	7.1	140	88	59	0.31	9.8	5.4
30	100	0.80	7.6	4.3	108	48	33	0.27	7.9	4.4
	200	0.92	10.8	5.7	126	65	44	0.32	9.1	5.0
	300	1.03	14.0	7.1	144	84	55	0.34	10.2	5.6
	350	1.09	15.5	7.8	152	92	61	0.39	10.8	5.9
35	100	0.91	8.5	5.1	120	52	35	0.29	9.0	5.0
	200	1.04	11.6	6.4	137	69	46	0.34	10.3	5.7
	300	1.17	14.7	7.8	155	87	57	0.36	11.6	6.4
	350	1.24	16.0	8.5	165	95	62	0.42	12.3	6.8

（续表）

体重（BW），kg	日增重（ADG），g/d	干物质采食量（DMI），kg/d	代谢能（ME），MJ/d	净能（NE），MJ/d	粗蛋白质（CP），g/d	代谢蛋白质（MP），g/d	净蛋白质（NP），g/d	中性洗涤纤维（NDF），kg/d	钙（Ca），g/d	磷（P），g/d
40	100	1.01	9.5	6.0	133	75	39	0.37	10.0	5.5
	200	1.13	12.5	7.4	150	93	50	0.43	11.2	6.2
	300	1.26	15.4	8.8	167	114	60	0.45	12.5	6.9
	350	1.34	16.9	9.4	176	122	65	0.52	13.3	7.3
45	100	1.12	10.5	6.5	145	80	41	0.40	11.1	6.1
	200	1.24	13.4	7.9	161	99	53	0.44	12.3	6.8
	300	1.35	16.3	9.3	178	119	65	0.48	13.4	7.4
	350	1.42	17.8	9.9	188	127	69	0.56	14.1	7.7
50	100	1.24	11.6	6.9	158	85	44	0.44	12.3	6.8
	200	1.36	14.5	8.4	174	103	56	0.49	13.5	7.4
	300	1.48	17.6	9.9	190	123	68	0.51	14.7	8.1
	350	1.55	19.0	10.6	197	131	73	0.60	15.3	8.4
55	100	1.35	12.5	7.4	173	92	48	0.47	13.4	7.4
	200	1.47	15.4	9.0	190	110	61	0.59	14.6	8.0
	300	1.59	18.4	10.5	206	129	73	0.64	15.7	8.7
	350	1.66	20.0	11.3	215	136	79	0.74	16.4	9.0
60	100	1.48	13.4	8.0	184	98	52	0.50	14.7	8.1
	200	1.61	16.5	9.5	200	116	64	0.62	15.9	8.8
	300	1.73	19.4	11.0	217	136	76	0.67	17.1	9.4
	350	1.80	20.9	11.8	228	144	81	0.79	17.8	9.8

肉用绵羊妊娠母羊干物质、能量、蛋白质、中性洗涤纤维、钙和磷需要量见表 2-4。

表 2-4　肉用绵羊妊娠母羊干物质、能量、蛋白质、中性洗涤纤维、钙和磷需要量

妊娠阶段	体重（BW），kg	干物质采食（DMI），kg/d			代谢能（ME），MJ/d			粗蛋白质（CP），g/d			代谢蛋白质（MP），g/d			钙（Ca），g/d			磷（P），g/d		
		单羔	双羔	三羔	单羔	双羔	三羔	单羔	双羔	三羔	单羔	双羔	三羔	单羔	双羔	三羔	单羔	双羔	三羔
前期	40	1.16	1.31	1.46	9.3	9.2	10.5	151	170	190	106	119	133	10.4	11.8	13.1	7.0	7.9	8.8
	50	1.31	1.51	1.65	10.5	10.5	11.7	170	196	215	119	137	150	11.8	13.6	14.9	7.9	9.1	9.9
	60	1.46	1.69	1.82	11.7	12.1	13.2	190	220	237	133	154	166	13.1	15.2	16.4	8.8	10.1	10.9
	70	1.61	1.84	2.00	12.9	13.5	14.6	209	239	260	147	167	182	14.5	16.6	18.0	9.7	11.0	12.0
	80	1.75	2.00	2.17	14.8	14.7	16.0	228	260	282	159	182	197	15.8	18.0	19.5	10.5	12.0	13.0
	90	1.91	2.18	2.37	15.3	16.0	17.7	248	283	308	174	198	216	17.2	19.6	21.3	11.5	13.1	14.2
后期	40	1.45	1.82	2.11	11.6	12.8	14.6	189	237	274	132	188	192	13.1	16.4	19.0	8.7	10.9	12.7
	50	1.63	2.06	2.36	13.0	14.6	16.5	212	268	307	148	187	215	14.7	18.5	21.2	9.8	12.4	14.2
	60	1.80	2.29	2.59	14.4	16.5	18.3	234	298	337	164	208	236	16.2	20.6	23.3	10.8	13.7	15.5
	70	1.98	2.49	2.83	15.8	18.3	19.9	257	324	368	180	227	258	17.8	22.4	25.5	11.9	14.9	17.0
	80	2.15	2.68	3.05	17.2	19.9	21.4	280	348	397	196	244	278	19.4	24.1	27.5	12.9	16.1	18.3
	90	2.34	2.92	3.32	18.7	21.4	23.4	304	380	432	213	266	303	21.1	26.3	29.9	14.0	17.5	19.9

肉用绵羊泌乳母羊干物质、能量、蛋白质、中性洗涤纤维、钙和磷需要量见表 2-5。

表 2-5　肉用绵羊泌乳母羊干物质、能量、蛋白质、中性洗涤纤维、钙和磷需要量

哺乳阶段	体重（BW），kg	干物质采食量（DMI），kg/d			代谢能（ME），MJ/d			粗蛋白质（CP），g/d			代谢蛋白质（MP），g/d			钙（Ca），g/d			磷（P），g/d		
		单羔	双羔	三羔	单羔	双羔	三羔	单羔	双羔	三羔	单羔	双羔	三羔	单羔	双羔	三羔	单羔	双羔	三羔
前期	40	1.36	1.75	2.04	10.9	14.0	16.4	177	228	265	124	159	186	12.3	15.8	18.4	8.2	10.5	12.2
	50	1.58	2.01	2.35	12.5	16.1	18.8	206	262	306	143	183	214	14.2	18.1	21.2	9.5	12.1	14.1
	60	1.77	2.25	2.61	14.2	18.0	20.9	230	293	340	161	205	238	15.9	20.3	23.5	10.6	13.5	15.7
	70	1.96	2.48	2.86	15.7	19.8	22.9	255	322	372	178	225	260	17.6	22.3	25.8	11.8	14.9	17.2
	80	2.13	2.69	3.11	17.1	21.5	24.8	277	349	404	194	245	283	19.2	24.2	28.0	12.8	16.1	18.7
中期	40	1.20	1.50	1.71	9.6	12.0	13.7	156	195	223	109	137	156	10.8	13.5	15.4	7.2	9.0	10.3
	50	1.40	1.72	1.97	11.2	13.8	15.7	182	224	256	127	157	179	12.6	15.5	17.7	8.4	10.3	11.8
	60	1.58	1.94	2.20	12.6	15.5	17.6	205	252	286	144	177	200	14.2	17.5	19.8	9.5	11.6	13.2
	70	1.75	2.14	2.42	14.0	17.1	19.4	228	278	315	159	195	220	15.8	19.3	21.8	10.5	12.8	14.5
	80	1.91	2.33	2.63	15.3	18.6	21.0	248	303	342	174	212	239	17.2	21.0	23.7	11.5	14.0	15.8
后期	40	1.09	1.38	1.63	8.7	11.0	13.0	142	179	211	99	126	148	9.8	12.4	14.6	6.5	8.3	9.7
	50	1.26	1.60	1.83	10.0	12.8	14.7	164	208	238	115	146	167	11.3	14.4	16.5	7.6	9.6	11.0
	60	1.43	1.80	2.06	11.4	14.4	16.5	186	234	268	130	164	187	12.9	16.2	18.5	8.6	10.8	12.4
	70	1.61	2.00	2.29	12.8	16.0	18.3	209	260	298	147	182	208	14.5	18.0	20.6	9.7	12.0	13.7
	80	1.76	2.19	2.50	14.1	17.5	20.0	229	285	325	160	199	228	15.8	19.7	22.5	10.6	13.1	15.0

肉用绵羊种用公羊干物质、能量、蛋白质、钙和磷需要量见表 2-6。

表 2-6　肉用绵羊种用公羊干物质、能量、蛋白质、钙和磷需要量

体重（BW），kg	干物质采食量（DMI），kg/d		代谢能（ME），MJ/d		粗蛋白质（CP），g/d		代谢蛋白质（MP），g/d		中性洗涤纤维（NDF），kg/d		钙（Ca），g/d		磷（P），g/d	
	非配种期	配种期	非配种期	配种期	非配种期	配种期	非配种期	配种期	非配种期	配种期	非配种期	配种期	非配种期	配种期
75	1.48	1.64	11.9	13.0	207	246	145	172	0.52	0.57	13.3	14.8	8.9	9.8
100	1.77	1.95	14.2	15.6	248	293	173	205	0.62	0.68	15.9	17.6	10.6	11.7
125	2.09	2.30	16.7	18.4	293	345	205	242	0.73	0.81	18.8	20.7	12.5	13.8
150	2.40	2.64	19.2	21.1	336	396	235	277	0.84	0.92	21.6	23.8	14.4	15.8
175	2.71	2.95	21.7	23.6	379	443	266	310	0.95	1.03	24.4	26.6	16.3	17.7
200	2.98	3.27	23.8	26.2	417	491	292	343	1.04	1.14	26.8	29.4	17.9	19.6

肉用绵羊矿物质和维生素需要量见表2-7。

表2-7 肉用绵羊矿物质和维生素需要量

矿物质和维生素需要量	6~18 kg 哺乳羔羊	20~60 kg 生长育肥羊	40~90 kg 妊娠母羊	40~80 kg 泌乳母羊	75~200 kg 种用公羊
钠（Na），g/d	0.1~0.4	0.4~1.5	0.7~1.6	0.8~1.2	0.7~1.9
钾（K），g/d	0.8~3.6	4.0~10.1	6.3~11.5	7.0~12.5	7.0~14.1
氯（Cl），g/d	0.2~0.5	0.5~1.6	0.6~1.8	0.8~1.4	0.8~1.5
硫（S），g/d	0.3~0.9	2.1~4.3	2.6~4.2	2.5~4.6	2.8~5.0
镁（Mg），g/d	0.3~0.8	0.6~2.3	1.0~2.5	1.4~3.5	1.8~3.7
铜（Cu），mg/d	0.9~3.0	6.0~33.0	9.0~35.0	9.0~36.0	12.0~38.0
铁（Fe），mg/d	10.0~29.0	30.0~88.0	38.0~88.0	44.0~97.0	45.0~120.0
锰（Mn），mg/d	4.0~12.0	22.0~53.0	30.0~58.0	16.0~69.0	18.0~75.0
锌（Zn），mg/d	5.0~20.0	33.0~81.0	36.0~88.0	40.0~93.0	55.0~100.0
碘（I），mg/d	0.1~0.4	0.3~1.7	0.9~1.8	1.0~1.9	1.0~2.0
钴（Co），mg/d	0.1~0.3	0.3~0.7	0.3~0.9	0.4~1.0	0.4~1.0
硒（Se），mg/d	0.1~0.3	0.4~0.9	0.5~1.0	0.5~1.0	0.6~1.5
维生素A（VA），IU/d	2 000~6 000	6 600~14 500	6 600~12 000	6 800~12 500	6 200~22 500
维生素D（VD），IU/d	50~1 200	1 200~2 600	900~2 000	1 200~2 400	1 100~4 500
维生素E（VE），IU/d	30~60	60~160	90~210	120~210	160~270

二、肉用山羊的营养需要量

肉用山羊哺乳羔羊干物质、能量、蛋白质、钙和磷需要量见表2-8。

表2-8 肉用山羊哺乳羔羊干物质、能量、蛋白质、钙和磷需要量

体重（BW），kg	日增重（ADG），g/d	干物质采食量（DMI），kg/d	代谢能（ME），MJ/d	净能（NE），MJ/d	粗蛋白质（CP），g/d	代谢蛋白质（MP），g/d	净蛋白质（NP），g/d	钙（Ca），g/d	磷（P），g/d
2	50	0.08	1.0	0.4	16	13	10	0.7	0.4
4	50	0.14	1.7	0.7	29	23	17	1.3	0.7
	100	0.16	1.9	0.8	32	26	19	1.4	0.8
6	50	0.17	2.1	0.9	35	28	21	1.6	0.9
	100	0.19	2.3	1.0	38	31	23	1.7	1.0

（续表）

体重（BW），kg	日增重（ADG），g/d	干物质采食量（DMI），kg/d	代谢能（ME），MJ/d	净能（NE），MJ/d	粗蛋白质（CP），g/d	代谢蛋白质（MP），g/d	净蛋白质（NP），g/d	钙（Ca），g/d	磷（P），g/d
8	50	0.23	2.8	1.2	46	37	28	2.1	1.2
	100	0.25	2.9	1.2	49	39	29	2.2	1.2
	150	0.26	3.1	1.3	52	41	31	2.3	1.3
	200	0.27	3.3	1.4	55	44	33	2.5	1.4
10	50	0.35	4.2	1.8	70	56	42	3.2	1.8
	100	0.37	4.5	1.9	74	60	45	3.3	1.9
	150	0.39	4.7	2.0	79	63	47	3.5	2.0
	200	0.41	5.0	2.1	83	66	50	3.7	2.1
12	50	0.47	5.6	2.4	95	77	57	4.2	2.4
	100	0.50	6.0	2.6	100	81	59	4.5	2.5
	150	0.53	6.4	2.8	104	83	62	4.7	2.6
	200	0.55	6.7	2.9	111	89	66	5.0	2.8
14	50	0.59	6.9	3.1	119	95	72	5.3	3.0
	100	0.63	7.4	3.3	128	102	76	5.6	3.1
	150	0.66	7.9	3.4	132	106	79	5.9	3.3
	200	0.69	8.4	3.6	138	110	83	6.3	3.5

肉用山羊生长育肥羊干物质、能量、蛋白质、钙和磷需要量见表 2-9。

表 2-9　肉用山羊生长育肥羊干物质、能量、蛋白质、钙和磷需要量

体重（BW），kg	日增重（ADG），g/d	干物质采食量（DMI），kg/d	代谢能（ME），MJ/d	净能（NE），MJ/d	粗蛋白质（CP），g/d	代谢蛋白质（MP），g/d	净蛋白质（NP），g/d	中性洗涤纤维（NDF），kg/d	钙（Ca），g/d	磷（P），g/d
15	50	0.61	4.9	2.0	85	44	33	0.18	5.5	3.1
	100	0.75	6.0	2.5	105	55	41	0.23	6.8	3.8
	150	0.76	6.1	2.6	106	55	41	0.23	6.8	3.8
	200	0.76	6.1	2.6	106	55	41	0.23	6.8	3.8
	250	0.79	6.3	2.7	111	58	43	0.24	7.1	4.0
20	50	0.72	5.8	2.4	101	52	39	0.22	6.5	3.6
	100	0.82	6.6	2.8	115	60	45	0.25	7.4	4.1
	150	0.90	7.2	3.0	126	66	49	0.27	8.1	4.5
	200	0.92	7.4	3.1	129	67	50	0.28	8.3	4.6
	250	0.95	7.6	3.2	133	69	52	0.29	8.6	4.8

（续表）

体重（BW），kg	日增重（ADG），g/d	干物质采食量（DMI），kg/d	代谢能（ME），MJ/d	净能（NE），MJ/d	粗蛋白质（CP），g/d	代谢蛋白质（MP），g/d	净蛋白质（NP），g/d	中性洗涤纤维（NDF），kg/d	钙（Ca），g/d	磷（P），g/d
25	50	0.83	6.6	2.8	116	60	45	0.25	7.5	4.2
	100	0.97	7.8	3.3	136	71	53	0.29	8.7	4.9
	150	0.99	7.9	3.3	139	72	54	0.30	8.9	5.0
	200	1.01	8.1	3.4	141	74	55	0.30	9.1	5.1
	250	1.12	9.0	3.8	157	82	61	0.34	10.1	5.6
30	50	0.93	7.4	3.1	130	68	51	0.28	8.4	4.7
	100	1.07	8.6	3.6	150	78	58	0.32	9.6	5.4
	150	1.22	9.8	4.1	171	89	67	0.37	11.0	6.1
	200	1.28	10.2	4.4	179	93	70	0.38	11.5	6.4
	250	1.34	10.7	4.5	188	98	73	0.40	12.1	6.7
35	50	1.02	8.2	3.4	143	74	56	0.31	9.2	5.1
	100	1.17	9.4	3.9	164	85	64	0.35	10.5	5.9
	150	1.31	10.5	4.4	183	95	72	0.39	11.8	6.6
	200	1.37	11.0	4.6	192	100	75	0.41	12.3	6.9
	250	1.42	11.4	4.8	199	103	78	0.43	12.8	7.1
40	50	1.19	9.5	4.0	155	80	60	0.42	10.7	6.0
	100	1.26	10.1	4.2	164	85	64	0.44	11.3	6.3
	150	1.41	11.3	4.7	183	95	71	0.49	12.7	7.1
	200	1.55	12.4	5.2	202	105	79	0.54	14.0	7.8
	250	1.59	12.7	5.3	207	107	81	0.56	14.3	8.0
45	50	1.29	10.3	4.3	168	87	65	0.45	11.6	6.5
	100	1.35	10.8	4.5	176	91	68	0.47	12.2	6.8
	150	1.50	12.0	5.0	195	101	76	0.53	13.5	7.5
	200	1.64	13.1	5.5	213	111	83	0.57	14.8	8.2
	250	1.78	14.2	6.0	231	120	90	0.62	16.0	8.9
50	50	1.38	11.0	4.6	179	93	70	0.48	12.4	6.9
	100	1.53	12.2	5.1	199	103	78	0.54	13.8	7.7
	150	1.58	12.6	5.3	205	107	80	0.55	14.2	7.9
	200	1.73	13.8	5.8	255	117	88	0.61	15.6	8.7
	250	1.87	15.0	6.3	243	126	95	0.65	16.8	9.4

肉用山羊妊娠母羊干物质、能量、蛋白质、钙和磷需要量见表2-10。

表 2-10 肉用山羊妊娠母羊干物质、能量、蛋白质、钙和磷需要量

妊娠阶段	体重（BW），kg	干物质采食量（DMI），kg/d			代谢能（ME），MJ/d			粗蛋白质（CP），g/d			代谢蛋白质（MP），g/d			钙（Ca），g/d			磷（P），g/d		
		单羔	双羔	三羔	单羔	双羔	三羔	单羔	双羔	三羔	单羔	双羔	三羔	单羔	双羔	三羔	单羔	双羔	三羔
前期	30	0.81	0.88	0.92	6.5	7.0	7.3	105	114	120	74	80	84	7.3	7.9	8.3	4.9	5.3	5.5
	40	0.99	1.07	1.12	8.0	8.6	9.0	129	139	146	90	97	102	8.9	9.6	10.1	5.9	6.4	6.7
	50	1.16	1.25	1.31	9.3	10.0	10.5	151	163	170	106	114	119	10.4	11.3	11.8	7.0	7.5	7.9
	60	1.33	1.43	1.48	10.6	11.4	11.9	173	186	192	121	130	135	12.0	12.9	13.3	8.0	8.6	8.9
	70	1.48	1.59	1.65	11.9	12.7	13.2	192	207	215	135	145	150	13.3	14.3	14.9	8.9	9.5	9.9
	80	1.63	1.75	1.82	13.1	14.0	14.6	212	228	237	148	159	166	14.7	15.8	16.4	9.8	10.5	10.9
后期	30	1.06	1.20	1.29	8.5	9.7	10.3	138	156	168	97	109	117	9.6	10.8	11.6	6.4	7.2	7.7
	40	1.29	1.45	1.56	10.3	11.6	12.5	167	189	203	117	132	142	11.6	13.1	14.0	7.7	8.7	9.4
	50	1.49	1.68	1.79	11.9	13.4	14.3	194	218	232	136	152	162	13.4	15.1	16.1	8.9	10.1	10.7
	60	1.68	1.90	2.01	13.4	15.2	16.2	218	247	262	153	173	183	15.1	17.1	18.1	10.1	11.4	12.1
	70	1.87	2.10	2.24	15.0	16.8	17.9	243	273	291	170	191	204	16.8	18.9	20.1	11.2	12.6	13.4
	80	2.04	2.32	2.45	16.4	18.5	19.6	265	302	319	186	211	223	18.4	20.9	22.1	12.2	13.9	14.7

肉用山羊泌乳母羊干物质、能量、蛋白质、钙和磷需要量见表 2-11。

表 2-11　肉用山羊泌乳母羊干物质、能量、蛋白质、钙和磷需要量

哺乳阶段	体重（BW），kg	干物质采食量（DMI），kg/d			代谢能（ME），MJ/d			粗蛋白质（CP），g/d			代谢蛋白质（MP），g/d			钙（Ca），g/d			磷（P），g/d		
		单羔	双羔	三羔	单羔	双羔	三羔	单羔	双羔	三羔	单羔	双羔	三羔	单羔	双羔	三羔	单羔	双羔	三羔
前期	30	0.95	1.09	1.14	7.6	8.7	9.1	124	142	148	86	99	104	8.6	9.8	10.3	5.7	6.5	6.8
	40	1.17	1.32	1.39	9.4	10.6	11.1	152	172	181	106	120	126	10.5	11.9	12.5	7.0	7.9	8.3
	50	1.36	1.54	1.61	10.9	12.3	12.9	177	200	209	124	140	147	12.2	13.9	14.5	8.2	9.2	9.7
	60	1.55	1.75	1.83	12.4	14.0	14.6	202	228	238	141	159	167	14.0	15.8	16.5	9.3	10.5	11.0
	70	1.73	1.93	2.03	13.8	15.4	16.2	225	251	264	157	176	185	15.6	17.4	18.3	10.4	11.6	12.2
中期	30	0.92	1.17	1.32	7.4	9.4	10.6	120	152	172	84	106	120	8.3	10.5	11.9	5.5	7.0	7.9
	40	1.19	1.42	1.60	9.5	11.4	12.8	155	185	208	108	129	146	10.7	12.8	14.4	7.1	8.5	9.6
	50	1.39	1.65	1.85	11.1	13.2	14.8	181	215	241	126	150	168	12.5	14.9	16.7	8.3	9.9	11.1
	60	1.58	1.87	2.09	12.6	15.0	16.7	205	243	272	144	170	190	14.2	16.8	18.8	9.5	11.2	12.5
	70	1.76	2.08	2.31	14.1	16.6	18.5	229	270	300	160	189	210	15.8	18.7	20.8	10.6	12.5	13.9
后期	30	0.89	1.05	1.18	7.1	8.37	9.41	116	137	153	81	96	107	8.0	9.5	10.6	5.3	6.3	7.1
	40	1.08	1.27	1.42	8.7	10.1	11.4	140	165	185	98	116	129	9.7	11.4	12.8	6.5	7.6	8.5
	50	1.27	1.48	1.66	10.2	11.8	13.3	165	192	216	116	135	151	11.4	13.3	14.9	7.6	8.9	10.0
	60	1.44	1.67	1.87	11.5	13.4	14.9	187	217	243	131	152	170	13.0	15.0	16.8	8.6	10.0	11.2
	70	1.61	1.86	2.08	12.9	14.9	16.6	209	242	270	147	160	189	14.5	16.7	18.7	9.7	11.2	12.5

肉用山羊种用公羊干物质、能量、蛋白质、钙和磷需要量见表 2-12。

表 2-12 肉用山羊种用公羊干物质、能量、蛋白质、钙和磷需要量

体重（BW），kg	干物质采食量（DMI），kg/d		代谢能（ME），MJ/d		粗蛋白质（CP），g/d		代谢蛋白质（MP），g/d		中性洗涤纤维（NDF），kg/d		钙（Ca），g/d		磷（P），g/d	
	非配种期	配种期	非配种期	配种期	非配种期	配种期	非配种期	配种期	非配种期	配种期	非配种期	配种期	非配种期	配种期
50	1.14	1.26	9.1	10.0	160	189	112	132	0.40	0.44	10.3	11.3	6.8	7.6
75	1.55	1.70	12.4	13.6	217	255	152	179	0.54	0.60	14.0	15.3	9.3	10.2
100	1.92	2.11	15.4	16.9	269	317	188	222	0.67	0.74	17.3	19.0	11.5	12.7
125	2.27	2.50	18.2	20.0	318	375	222	263	0.79	0.88	20.4	22.5	13.6	15.0
150	2.60	2.86	20.8	22.9	364	429	255	300	0.91	1.00	23.4	25.7	15.6	17.2

肉用山羊矿物质和维生素需要量见表 2-13。

表 2-13　肉用山羊矿物质和维生素需要量

矿物质和维生素需要量	2~14 kg 羔羊	15~50 kg 生长育肥羊	30~80 kg 妊娠母羊	30~70 kg 泌乳母羊	50~150 kg 种用公羊
钠（Na），g/d	0.3~0.5	0.6~1.6	0.7~1.8	1.0~1.9	1.0~1.8
钾（K），g/d	1.0~3.5	3.5~10.0	4.5~10.5	7.0~11.0	8.0~12.0
氯（Cl），g/d	0.2~0.4	0.4~1.2	0.8~1.5	0.9~1.5	0.9~1.6
硫（S），g/d	0.6~1.3	1.0~4.2	3.0~4.5	3.5~5.8	3.5~5.2
镁（Mg），g/d	0.3~0.8	0.6~2.3	1.0~2.5	1.5~3.5	1.8~3.7
铜（Cu），mg/d	0.9~3.0	6.0~34.0	9.0~36.0	9.0~38.0	12.0~38.0
铁（Fe），mg/d	0.2~18	19.0~70.0	30.0~88.0	40.0~100.0	50.0~110.0
锰（Mn），mg/d	0.6~13.0	10.0~33.0	11.0~57.0	14.0~58.0	14.4~67.0
锌（Zn），mg/d	0.4~15.0	12.0~56.0	14.0~78.0	38.0~81.0	36.4~90.0
碘（I），mg/d	0.1~0.4	0.3~1.6	0.9~1.8	1.0~1.9	1.0~2.0
钴（Co），mg/d	0.1~0.3	0.3~0.7	0.3~0.9	0.4~1.0	0.4~1.0
硒（Se），mg/d	0.1~0.3	0.4~0.9	0.5~1.0	0.5~1.0	0.6~1.5
维生素 A（VA），IU/d	700~4 600	5 000~16 500	5 100~9 000	5 300~10 600	5 700~11 300
维生素 D（VD），IU/d	60~1 200	1 200~2 700	1 100~2 800	1 100~3 000	1 400~3 500
维生素 E（VE），IU/d	20~60	60~120	90~200	90~240	150~300

第四节　肉羊常用饲料原料

一、肉羊常用的饲草

1. 紫花苜蓿

苜蓿适应性强，种植面积较广，产量高，品质好，适口性好，被称为牧草之王。苜蓿干草中含粗蛋白质在 18%左右，苜蓿为多年生植物，每年能收割 2~4 次，每亩（1 亩≈667 m^2）可产鲜草 3 000~5 000 kg。

2. 红豆草

红豆草具有产草量高、适口性好、抗寒耐旱和营养价值高的特点。红豆草为多年生牧草，寿命为7~8年，第3年产量最高，每亩的产量为3 666.8 kg，粗蛋白质的含量为14.45%~24.75%，无氮浸出物的含量为37.58%~46.01%，钙含量在1.63%~2.36%。

3. 紫云英

又名红花草，产量高，蛋白质含量丰富，且富含各种矿物质元素和维生素，鲜嫩多汁，适口性好。鲜草的产量一般为每亩产1 500~2 500 kg，现蕾期牧草的干物质中粗蛋白质的含量很高，可达31.76%；粗纤维的含量较低，只有11.82%。

4. 无芒雀麦

无芒雀麦又名雀麦、无芒麦、禾萱草，为世界最重要的禾本科牧草之一。具有适应性广、生命力强，适口性好、饲用价值高的特点，每亩可产青草3 000 kg。粗蛋白质的含量为20.4%，抽穗期的粗蛋白质含量为14%。

5. 普那菊苣

原产于新西兰，具有生长速度快，产量高，每亩可产鲜草6 000~10 000 kg。开花初期含粗蛋白质为14.73%，适口性好，羊非常喜欢吃。

6. 黑麦草

黑麦草生长快，分蘖多，繁殖力强，适口性好，营养价值高，是羊较好的饲草。每亩总产量为4 000~5 000 kg，在土壤条件好的牧地可产鲜草7 500 kg以上，粗蛋白质的含量为15.3%，粗纤维的含量为24.6%。

7. 羊草

羊草又名碱草，具有适应性强、饲用价值高、容易栽培、抗寒耐旱耐盐碱、耐践踏特点。每亩可产干草250~300 kg，最高的可达500 kg（鲜草1 700~2 000 kg），粗蛋白质的含量为13.53%~18.53%，无氮浸出物为22.64%~44.49%。

8. 秸秆和秕壳

各种农作物收获过种子后，剩余的秸秆、茎蔓等。有玉米秸、麦秸、稻草、谷草、大豆秧、黑豆秸，营养价值较低。经过粉碎、碱化、氨化和微贮等处理后，营养价值会有较大的提高。

9. 多汁饲料

多汁饲料包括块根、块茎、瓜类、蔬菜、青贮等。水分含量高，其次为碳水化合物。干物质含量很少，蛋白质少，钙微、磷少，钾多、胡萝卜素多。粗纤维含量低，适口性好，消化率高。

二、肉羊常用的精饲料

精饲料是富含无氮浸出物与消化总养分、粗纤维低于18%的饲料。这类饲料含蛋白质有高有低，包括谷实、油饼与磨坊工业副产品。精饲料可分为碳源饲料与氮源饲料，即能量饲料和蛋白质饲料。

1. 谷实类饲料

能量饲料是主要利用其能量的一些饲料。其蛋白质含量低于20%，含粗纤维低于18%，能量饲料的主体是谷物饲料。有些蛋白质补充料含有较高的能量，也是能量饲料的范畴，但由于其主要的营养特点是蛋白质的含量高，用于饲料中的蛋白质补充，故划分在蛋白质饲料类。

谷实类饲料是精饲料的主体，含大量的碳水化合物（淀粉含量高），粗纤维的含量少，适口性好，粗蛋白质的含量一般不到10%，淀粉占70%左右，粗脂肪、粗纤维及灰分各占3%左右，水分一般占13%左右，由于淀粉含量高，故将谷实类饲料又称为能量饲料，能量饲料是配合饲料中最基本和最重要的饲料，也是用量最大的饲料，谷实类饲料是羊在所采食的饲料（包括草）中虽占的比例不大，但却是羊最主要的精饲料补充饲料。谷实类饲料的饲用方法一般是稍加粉碎即可，不宜过细，以免影响羊的反刍。最常用和最经济的谷实类饲料有以下几种。

（1）玉米

玉米是谷实类饲料中的代表性饲料，是所有精饲料中应用最多的饲料。玉米产量高，适口性好，营养价值也高，玉米干物质中粗蛋白质的含量在7%左右，粗纤维的含量仅为1.2%，无氮浸出物高达73.9%；玉米消化能也高，大约为15 MJ/kg。但玉米所含的蛋氨酸、胱氨酸、钙、磷、维生素较少，在饲料的配合中应和其他饲料配合，使日粮营养达到平衡。

（2）高粱

高粱是重要的精饲料，营养价值和玉米相似。主要成分为淀粉，粗纤维少，可消化养分高，粗蛋白质的含量为7%~8%，但质量差，含有单宁，有苦味，适口性差，不易消化，高粱中含钙少，含磷多，粗纤维含量也少；烟酸含量多，并含有鞣酸，有止泄作用，饲喂量大时容易引起便秘。

（3）大麦

大麦是一种优质的精饲料，其饲用价值比玉米稍佳，适口性好，饲料中的粗蛋白质含量为 12%，无氮浸出物占 66.9%，氨基酸的含量和玉米差不多，钙、磷的含量比玉米高，胡萝卜素和维生素 D 不足，硫黄素多，核黄素少，烟酸的含量丰富。

（4）燕麦

燕麦是一种很有价值的饲料，适口性好，籽实中含有较丰富的蛋白质，粗蛋白质的含量在 10%左右，粗脂肪的含量超过 4.5%，比小麦和大麦多一倍以上，燕麦的主要成分为淀粉。但燕麦的粗纤维含量高，在 10%以上，营养价值高于玉米。燕麦含钙少，含磷多；胡萝卜素、维生素 D、烟酸含量比其他的麦类少。

2. 糠麸类饲料

糠麸类饲料是谷实类饲料经制粉、碾米加工的主要副产品，同原料相比无氮浸出物较低，其他各种营养成分的含量普遍高于原料的营养成分，特别是粗蛋白质、矿物质元素和维生素含量较高，是羊很好的饲料来源之一。常用的糠麸类饲料有麦麸、米糠、稻糠、玉米糠。

麦麸是糠麸类饲料中用量最大的饲料，广泛用于各种畜禽的配合日粮中，麦麸具有适口性好，质地膨松、营养价值高、使用范围广的特点和轻泄作用。饲料中的粗蛋白质的含量在 11%~16%，含磷多，含钙少，维生素的含量也较丰富。麦麸具有轻泄作用。在夏季可多喂些麸皮，可起到清热泻火的作用，由于麦麸中的含磷量多，采食过多会引起尿道结石，特别是公羊表现比较明显，公羔表现更为突出，麦麸在饲料中的比例一般应控制在 10%~15%，公羔的用量应少些。

稻糠是水稻的加工副产品，包括砻糠和米糠。砻糠是粉碎的稻壳，米糠是去壳稻粒的加工副产品，是大米精制时产生的果皮、种皮、外胚乳和糊粉层等的混合物。砻糠的体积较大，质地粗硬，不易消化，营养价值低于米糠，由于稻糠带芒，作为羊的饲料时带芒的稻壳容易黏附在羊的胃壁上，形成一层稻壳膜，影响羊的正常消化，甚至致病、消瘦、死亡，故饲喂稻糠时一定要粉碎细致。米糠的营养价值高，新鲜米糠适口性也好，在羊的日粮中可占到 15%左右。

3. 饼粕类饲料

粗蛋白质在 20%以上的饲料归为蛋白质饲料。饼粕类饲料是富含油的籽实经加工榨取植物油后的加工副产品，蛋白质的含量较高，是蛋白质饲料的主体。通常含较多的蛋白质（30%~45%），适口性较好，能量也高，品质优良，是羊瘤胃中微生物蛋白质氮的前身。羊可以利用瘤胃中的微生物将饲料中的非蛋白氮合成菌体蛋白，所以在羊的一般日粮中蛋白质的需求量不大。但蛋白质饲料仍是羊饲料中必不可少的饲料成分之一，特别是在羔羊的生长发育期和母羊的妊娠期营养需求较大时显得特别重要。饼粕类饲料主要有以下几种。

（1）豆饼、豆粕

豆饼、豆粕是我国最常用的一种植物性蛋白质饲料，营养价值高，价格又较鱼粉及其他动物性蛋白质饲料低，是畜禽较为经济和营养较为合理的蛋白质饲料，一般来说豆粕较豆饼的营养价值高，含粗蛋白质较豆饼高 8%~9%。大豆饼（粕）较黑豆饼（粕）的饲喂效果好。在豆饼（粕）的饲料中含有一些有害物质和因子，如抗胰蛋白酶、尿素酶、血球凝集素、皂角苷、甲状腺诱发因子、抗凝固因子等，其中最主要的是抗胰蛋白酶。饲喂这些饲料时应进行加工处理。最常用的方法是在一定的水分条件下进行加热处理，经加热后这些有害物质将失去活性，但不宜过度加热，以免影响和降低一些氨基酸的活性。

（2）棉籽饼

棉籽饼是棉籽提取后的副产品，一般含粗蛋白质 32%~37%，产量仅次于豆饼，是反刍家畜的主要蛋白质饲料来源。棉籽饼的饲用价值与豆饼相比，蛋白质的含量为豆饼的 79.6%，消化能也低于豆饼，粗纤维的含量较豆饼高，且含有有毒物质棉酚，在饲喂非反刍畜禽时使用量不可过多，喂量过多时容易引起中毒。但对于牛、羊来说，只要饲喂不过量就不会发生中毒，且饲料的成本较豆饼便宜，故在养羊生产中被广泛应用。

（3）菜籽饼

菜籽饼是菜籽经加工提炼后的加工副产品，是畜禽的蛋白质饲料来源之一，粗蛋白质的含量在 20%以上，其营养价值较豆饼低。菜籽饼中含有有毒物质芥子甙或称含硫甙（含量一般在 6%以上），各种芥子甙在不同的条件下水解，会形成异硫氰酸酯，严重影响适口性，采食过多会引起中毒。羊对菜籽饼的敏感性较强，饲喂时最好先对菜籽饼进行脱毒处理。

（4）花生饼

花生饼的饲用价值仅次于豆饼，蛋白质和能量都比较高，粗蛋白质的含量为 38%，粗纤维的含量为 5.8%。带壳花生饼含粗纤维在 15%以上，饲用价值较去壳花生饼的营养价值低，但仍是羊的好饲料。花生饼的适口性较好，本身无毒素，但易感染黄曲霉素，易导致黄曲霉致病，贮藏时要注意防潮，以免发霉。

（5）向日葵饼

向日葵饼简称葵花饼，是油葵及其他葵花籽榨取油后的副产品。去壳葵花饼的蛋白质含量可达 46.1%，不去壳葵花饼粗蛋白质的含量为 29.2%。葵花饼不含有毒物质，适口性也好，虽不去壳的葵花饼粗纤维含量较高，但对羊来说其营养价值较好，是廉价的蛋白质饲料。

（6）胡麻饼

胡麻饼是胡麻种子榨油后的加工副产品，粗蛋白质的含量在36%左右，适口性较豆饼差，较菜籽饼好，也是胡麻产区养羊的主要蛋白质饲料来源之一。胡麻饼饲用时最好和其他的蛋白质饲料混合使用，以补充部分氨基酸的不足。单一饲喂容易使羊的体脂变软。

三、无机盐及其他饲料

无机盐及其他饲料主要有食盐、骨粉、贝壳粉，石灰石、磷酸钙以及各种微量元素，一般用作添加剂。食盐可以单独饲喂，也可与其他饲料、精饲料混合使用。

第五节　肉羊日粮配制技术

一、全混合日粮概念及其推广意义

全混合日粮是根据反刍动物不同生理阶段的营养需要，如粗蛋白质、能量、粗纤维、矿物质和维生素等，用特制的搅拌机将揉碎的粗饲料、精饲料和各种添加剂进行充分混合而得到的营养平衡的全价日粮，主要有全混合日粮湿料、全混合日粮颗粒料、全混合日粮裹包发酵料等料型。

全混合日粮以其独具的应用优势，越来越受到国内饲养场的欢迎，获得了很好的经济效益，具体表现在以下几方面。①全混合日粮的应用有利于开发各种饲料资源，如玉米秸秆、尿素、各种饼粕类等，将这些廉价的原料同青贮饲料、糟渣饲料及精饲料充分混合后，可以掩盖不良气味，提高适口性。还可以充分利用那些难以单独饲喂的饲料或是饲喂量小的饲料。②全混合日粮和传统饲养方式相比，虽然增加了一定的饲料加工成本，但由于利用廉价饲料来代替部分价格高的饲料，而使得饲料成本降低。③全混合日粮使用可保证日粮营养全价，提高粗饲料利用率，每天能够提供稳定的日粮。对于个体大、增重快的动物增加喂量便可保证其营养需要，简化了频繁调整日粮的工作。

二、与饲料配制有关的几个概念

日粮是指一只羊一昼夜（24 h）采食的能满足各种营养物质需求的各种饲

料的总量。饲料配方是指配合饲料中各种原料以最优组合来满足羊营养需求的组成和比例。饲料配方一般分为两种：以当地所产饲料为基础的地区性典型饲料配方和高效专用饲料配方。

配合饲料是根据羊的不同生产目的、不同生长发育阶段的不同营养需要，并以近代营养科学原理作指导，由多种饲料按比例配合而成的饲料。其特点是配方科学，营养全面，饲料报酬高，可以直接饲喂，节省劳动力，节省燃料，降低饲养成本，有利于集约化、专业化经营。

配合饲料按营养成分和用途分类：全价配合饲料、浓缩饲料、精饲料补充料、添加剂预混料、超级浓缩料、混合饲料、人工乳或代乳料等。

三、设计饲料配方

常用试差法，具体步骤如下。

第一步：确定每日每只羊的营养需要量。根据羊群的平均体重、生理状况及外界环境等，查出各种营养需要量。

第二步：确定各类粗饲料的喂量。根据当地粗饲料的来源、品质及价格，最大限度地选用粗饲料。一般粗饲料的干物质采食量占体重的2%～3%，其中青绿饲料和青贮饲料可按 3 kg 折合 1 kg 青干草和干秸秆计算。

第三步：计算应由精饲料提供的养分量。每日的总营养需要与粗饲料所提供的养分之差，即是精饲料部分提供的养分量。

第四步：确定混合精饲料的配方及数量。

第五步：确定日粮配方。在完成粗、精饲料所提供养分及数量计算后，将所有饲料提供的各种养分进行汇总，如果实际提供量与其需要量相差在±5%范围内，说明配方合理。如果超出此范围，应适当调整个别精饲料的用量，以便充分满足各种养分需要而又不致造成浪费。

第六节　肉羊饲料加工利用

一、能量饲料的加工

能量饲料干物质的 70%～80%是由淀粉组成的，所含粗纤维的含量也较低，营养价值较高，是适口性比较好的饲料。常用的能量饲料的加工方法有以下几种。

1. 粉碎和压扁

粉碎是用机械的方法引起饲料细胞的物理破坏，使饲料被外皮或壳所包围的营养物质暴露出来。如玉米、高粱、小麦、大麦等饲料。

2. 水浸

水浸饲料的作用，一是使坚硬的饲料软化、膨胀，便于采食利用；二是使一些具有粉尘性质的饲料在水分的作用下不易飞扬，减小粉尘对呼吸道的影响和改善饲料的适口性。一般在饲料饲喂前用少量的水将饲料拌湿放置一段时间，待饲料和水分完全渗透，在饲料的表面上没有游离水时即可饲喂，注意水的用量不宜过多。

3. 液体培养

液体培养的作用是将谷物整粒饲料在水的浸泡作用下发芽，以增加饲料中某些营养物质的含量，提高饲喂效果。谷粒饲料发芽后，可使一部分蛋白质分解成氨基酸、糖分、维生素与各种酶增加，纤维素增加。如大麦发芽前几乎不含胡萝卜素，经浸泡发芽后胡萝卜素的含量可达 93~100 mg/kg，核黄素含量提高 10 倍，蛋氨酸的含量增加 2 倍，赖氨酸的含量增加 3 倍。因此发芽饲料对饲喂公羊、母羊和羔羊有明显的效果。一般将发芽的谷物饲料加到营养贫乏的日粮中会有所助益，日粮营养越贫乏，收益越大。

二、蛋白质饲料的加工利用

1. 豆类蛋白质饲料的加工

豆类饲料含有一种叫作抗胰蛋白酶的物质，这种物质在羊的消化道内与消化液中的胰蛋白酶作用，破坏了胰蛋白酶的分子结构，使酶失去生物活性，从而影响饲料中营养物质消化吸收，造成饲料蛋白质的浪费和羊的营养不足。这种抗胰蛋白酶在遇热时就变性而失去活性，因此在生产中常用蒸煮和焙炒的方法来破坏大豆中的抗胰蛋白酶，不仅提高了大豆的消化率和营养价值，而且增加了大豆蛋白质中有效的蛋氨酸和胱胺酸，提高了蛋白质的生物学价值。但有资料表明，对于反刍家畜，由于瘤胃微生物的作用，不用加热处理。

2. 豆饼饲料的加工

豆饼根据生产的工艺不同可分为熟豆饼和生豆饼，熟豆饼经粉碎后可按日粮的比例直接加入饲料中饲喂，不必进行其他处理，生豆饼由于含有抗胰蛋白酶，在粉碎后需经蒸煮或焙炒后饲喂。豆饼粉碎的细度应比玉米要细，便于配合饲料和防止羊的挑食。

3. 棉籽饼的加工

棉籽饼含有丰富的可消化粗蛋白质、必需氨基酸，基本上和大豆粕的营养相当，还含有较多的可消化碳水化合物，是能量和蛋白质含量都较高的蛋白质饲料。但是棉籽饼中含有较多的粗纤维，还有一定量的有毒物质，所以在饲喂猪、家禽等单胃动物时受到一定的限制，而主要作为羊、牛等反刍家畜的蛋白质饲料。棉籽饼中的有毒物质是棉酚，这是一种复杂的多酚类化合物，饲喂过量时容易引起中毒，所以在饲喂前一定要进行脱毒处理，常用的处理方法有水煮法和硫酸亚铁水溶液浸泡法。

4. 菜籽饼的加工

菜籽饼是油菜产区菜籽油的加工副产品，应用受两个不利的因素影响，一是菜籽饼含有苦味，适口性较差；二是菜籽饼含有含硫葡萄糖甙，这种物质在酶的作用下，裂解生成多种有毒物质，饲喂和处理不当就会发生饲料中毒。这些有毒的物质是致甲状腺肿大的噁唑烷硫酮（OET）、异硫氰酸酯（ITC）、芥籽甙等。因此对菜籽饼的脱毒处理显得十分重要。菜籽饼脱毒处理常用的方法有两种：土埋法和氨、碱处理法。

三、薯类及块茎块根类饲料的加工利用

这类饲料的营养较为丰富，适口性也较好，是羊冬季不可多得的饲料之一。加工较为简单，先将饲料上的泥土洗干净，用机械或手工的方法切成片状、丝状或小块状即可。

四、青饲料的加工利用

青饲料的加工主要是指刈割后的饲料加工，一般常用的加工方法为刈割切碎后直接喂羊或将青饲料晒干后供冬季饲用。饲喂青饲料时应注意以下几个问题。

1. 青饲料不宜放置过久，要现割现喂。放置过久的青饲料发热霉烂或变味，容易造成氢氰酸中毒和饲料的浪费。

2. 嫩玉米苗、嫩高粱苗中含有氢氰酸，无论是放牧还是刈割饲喂都有发生中毒的危险，不要鲜喂，要让水分蒸发掉一部分后才可以饲喂，并要少喂。

五、优质干草的调制

调制优质干草须尽量减少青草中营养成分，尤其是粗蛋白质、胡萝卜素等的损失。调制优质干草必须做到以下几点。

1. 适期刈割

牧草和青刈作物的产量和品质随生长发育的进行而变化。幼嫩时期，叶量丰富，粗蛋白质、胡萝卜素等含量多，营养价值高，但产草量低；随着生长和产量的增加，茎秆部分的比例增大，粗纤维含量逐渐增加，木质化程度提高，可消化营养物质的含量明显减少，饲草品质下降。一般禾本科牧草以抽穗到初花期、豆科牧草以现蕾到初花期刈割为宜。

2. 快速干燥

刈割后的新鲜牧草或饲料作物在细胞死亡以前仍不断地进行呼吸作用，消耗体内的养分。因此，缩短干草的调制时间，可以减少植物呼吸作用的消耗。天然晒制干草应选择少雨干燥的季节进行。于晴天将收割的青草摊晒在高燥的地方干燥，也可采用草架干燥和常温鼓风干燥。如草的茎秆较粗时，为缩短晾晒时间，还可采用机械压裂等方法将草的茎秆压扁，加速水分的散失。在晒制过程中要经常翻动，以促进干燥和防上下干湿不匀。

（1）地面干燥法

采用地面干燥法随地区气候条件的不同，干燥过程及时间也不一样。在湿润地区，牧草刈割后就地干燥 6~7 h，到含水量为 40%~50%时开始用搂草机搂成松散的草垄，一般草垄间距 25~30 cm，第一搂草耙的干草 10~20 kg，草垄高 30~35 cm，宽 40~45 cm。晒制 4~5 h，当含水量在 35%~40%时用集草器集成小堆，牧草在草堆中干燥 1.5~2 d 就可制成干草（含水量 15%~18%）。

在干旱地区，气温较高，空气干燥，降雨稀少，同时，牧草在开花期的含水量仅为 50%~60%，这类地区牧草干燥的任务是，防止光照破坏胡萝卜素，避免机械作用引起叶片、细嫩部分的损失。因此，在干旱地区牧草的刈割与搂成草垄两项作业可同时进行，干燥到牧草含水量 35%~40%时，用集草器集成草堆干燥到含水量 15%~18%时就调制成干草。

（2）草架干燥法

在湿润地区常采用草架干燥法调制干草。方法是把割下来的草在地面干燥半天或一天，使其含水量降至 45%~50%，再将草上架，自下而上逐层堆放，或打成直径 15 cm 左右的小捆，草顶端朝里，最底层牧草应高出地面，以便于通风和地表接触吸湿。草架干燥法可大大提高牧草的干燥速度，可保证干草品质，减少各种营养物质的损失。

（3）常温鼓风干燥法

常温鼓风干燥法是把割下来的牧草晾干到含水为 50%左右时，放在有通风道的草棚内，用鼓风机或电风扇进行常温吹风干燥。

（4）高温快速干燥法

高温快速干燥法主要用作生产干草粉。是将切碎的青草（长约 25 mm）快速通过高温干燥机，再用粉碎机粉碎成粉状或直接调制成干草块。

3. 防雨防露

干草晒制过程中雨露淋溶是干草养分损失的重要原因之一。晒制开始前应注意天气的变化动态，积极作好防雨准备。晒制过程中，傍晚要将摊晒的饲草搂成小垄，减少露水引起的反潮。

4. 减少叶片脱落

叶片的可消化养分含量比茎秆高，干草调制过程中叶片又非常容易脱落，所以防止叶片脱落是减少养分损失的一个重要环节。晒制过程中，叶片失水较快而茎秆失水相对缓慢。牧草或饲料作物刈割后将茎秆压扁，有利于茎叶同步干燥，减少叶片脱落。翻草避开烈日的中午也可减少叶片脱落。当干草的水分降到 15%～18%时即可抓紧进行堆藏，水分过低容易造成叶片脱落。

干草的储存可室内堆放，也可室外堆垛。干草的含水量过高，堆中发热、霉变是储存过程中养分损失的重要原因。一般干草开始储存时的水分含量应控制在 18%以下，储存期间须防返潮和雨水。室内堆放应定期通风散湿，室外堆垛应选择地势平坦高燥、排水良好、背风的地方，并防雨水渗入垛内。

六、秸秆饲料的加工调制

秸秆饲料是一种潜在的非竞争资源，是我国最丰富的饲料来源之一，分为禾本科作物秸秆、牧草秸秆和其他作物秸秆。稻草、小麦秸、玉米秸是我国三大作物秸秆，秸秆产量已经达到 7 亿 t。目前，仅 20%～30%作为草食家畜的饲料。充分开发利用此类资源，对建立“节粮型”畜牧业结构具有重要意义。

秸秆因其特殊的化学组成成分，造成了秸秆的营养价值低、消化率低，表现在纤维素类物质含量高、粗蛋白质含量低、消化能低、缺乏维生素、钙磷含量低等，秸秆的消化能只有 7.8～10.5 MJ/kg，只相当于干草的一半；羊对秸秆的消化率为 40%～50%。

1. 秸秆饲料的加工方法

秸秆的粗纤维含量高、粗脂肪和粗蛋白质含量低，从营养学的角度讲，其营养价值极低，但在粗饲料短缺时，经过适当的加工方法，可以提高秸秆的营养价值，改善其适口性。目前可采用物理方法、化学方法或生物学方法处理秸秆。

（1）物理加工方法

包括机械加工、热加工、浸泡、制粒等方法。

①机械加工　是指利用机械铡草机、揉搓机等将粗饲料铡短、粉碎或揉碎，是秸秆利用最简便而又常用的方法，即将干草和秸秆切短至 2~3 cm，或用粉碎机粉碎，但不宜粉碎得过细，以免引起反刍停滞，降低消化率。加工后便于肉羊咀嚼、提高采食量，并减少饲喂过程中的饲料浪费。

②热加工　主要指蒸煮和膨化，目的是软化秸秆，提高其适口性和消化率。蒸煮可采用加水蒸煮法和通气蒸煮法。膨化是将秸秆置于密闭的容器内，加热加压，然后突然解除压力，使其暴露在空气中膨胀，从而破坏秸秆中的纤维结构并改变某些化学成分，提高其饲用价值的方法。

③浸泡　在 100 kg 水中加入食盐 3~5 kg，将切碎的秸秆分批放入桶或池内浸泡 24 h 左右，目的是软化秸秆，提高其适口性。

④制粒　将粉碎后秸秆粉与一定的比例精饲料混合后，用制粒机压制成一定形状和大小的颗粒饲料。这种颗粒饲料具有体积小、运输方便、易于贮存等优点。

（2）化学加工法

利用酸、碱等化学物质对秸秆进行处理，降解秸秆中木质素、纤维素等难以消化的成分，从而提高其营养价值、消化率和改善适口性。

目前，主要采用氨化处理方法，分为窖池式法、堆垛法和袋装氨化法。

氨化处理要选用清洁、无发霉变质的秸秆，并调整秸秆的含水量至 25%~35%。氨化应尽量避开闷热时期和雨季，当天完成充氨和密封，计算氨的用量一定要准确。

氨源常用尿素和碳酸氢铵，尿素是一种安全的氨化剂，其使用量为风干秸秆的 2%~5%。使用时先将尿素溶于少量的 40℃温水中，再将尿素倒入用于调整秸秆含水量的水中，配成 1：10 的尿素溶液，然后将尿素溶液均匀地喷洒到秸秆上；使用碳酸氢铵氨化时，将 8 kg 碳酸氢铵溶于 40 L 水，均匀撒在 100 kg 麦秸或玉米秸中，再装入小型水泥池或大塑料袋中，踏实密封。装满后用塑料薄膜封顶，泥巴封严，池顶上覆麦草。5~15℃时氨化 28~56 d，15~

25℃时氨化 14～28 d，25～35℃时氨化 7～10 d。

氨化期间要经常查看，出现破损要及时封堵，切忌进水或漏气。开池取喂时，先对氨化秸秆进行感官鉴定，优质氨化秸秆棕黄色或红褐色，有强烈的氨味，柔软蓬松。

（3）生物学加工法

生物学加工法是利用乳酸菌、酵母菌等有益微生物和酶制剂进行处理的方法。它是接种一定量的特有菌种以对秸秆饲料进行发酵和酶解作用，使其粗纤维部分降解转化为可消化利用的营养成分，并软化秸秆，改善其适口性、提高其营养价值和消化利用率。处理时将不含有毒物质的作物秸秆及各种粗大牧草加工切短，按 2 份秸秆草和 1 份豆科草比例混合；拌入温水和有益微生物，整理成堆，用塑料布封住周围进行发酵，室温应在 10℃以上。当堆内温度达到 43～45℃，能闻到曲香味时，发酵成功。饲喂时要适当加入食盐，并要求 1～2 d内喂完。

2. 合理利用加工后的秸秆

机械加工后的秸秆饲料可直接用于饲喂，但要注意与其他饲料配合；浸泡秸秆喂前最好用糠麸或精饲料调味，每 100 kg 秸秆加入糠麸或精饲料 3～5 kg，如果再加入 10%～20%的优质豆科或禾本科干草效果更好，但切忌再补饲食盐；氨化秸秆取喂时，应提前 1～2 d 将其取出放氨，初喂时可将氨化秸秆与未氨化秸秆按 1：2 混合饲喂，以后逐渐增加，饲喂量可占肉羊日粮的 60%左右，但要注意维生素、矿物质和能量的补充，以便取得更好的饲养效果。

实践证明，秸秆饲料经过加工调制后，可改善其适口性、提高营养价值和消化利用率。秸秆切短后直接喂羊，吃净率只有 70%，但使用揉搓机将秸秆揉搓成丝条状直接喂羊，吃净率可提高到 90%以上。秸秆氨化处理后可使秸秆的粗蛋白质从 3%～4%提高到 8%以上，消化率提高 20%左右，采食量也相应提高 20%左右。

七、青贮饲料的制作技术

青贮是储备青绿饲料的一种方法，是将新鲜的青绿饲料填入密闭的青贮塔、青贮窖或其他的密闭容器内，经过微生物的发酵作用而使青绿饲料发生一系列物理的、化学的、生物的变化，形成一种多汁、耐贮、适口性好、营养价值高、可供全年饲喂的饲料，特别是可作为羊冬季和舍饲羊的主要饲料之一。

1. 青贮加工的特点与意义

（1）青贮加工的特点

制作青贮饲料是一项季节性、时间性很强的突击性工作，要求收割、运输、切碎、踩实、密封等操作连续进行，短时间完成。所以青贮前一定要做好各项前期的准备工作，包括青贮坑的挖建、原料装备、人员安排、机械的准备和必要用具、用品的准备等。青饲料经青贮后，保存了青饲料的养分，提高了饲料品质，质地变软，气味芳香，能增进食欲。粗蛋白质中非蛋白氮较多，碳水化合物中糖分减少，乳酸和醋酸增多。在制作青干草过程中，营养物质一般损失 20%~30%，而在青贮过程中，损失一般不超过 10%。特别是胡萝卜素和粗蛋白质损失极少。如果制作半干青贮饲料，能更好地保存营养物质和青饲料的营养特征。

（2）青贮加工的意义

①有效地保存饲料原有的营养成分　饲料作物在收获期及时进行青贮加工保存，营养成分的损失一般不超过 10%。特别青贮加工可以有效地保存饲料中的蛋白质和胡萝卜素；又如甘薯藤、花生蔓等新鲜时藤蔓上叶子要比茎秆的养分高 1~2 倍，在调制干草时叶子容易脱落，而制作青贮饲料时，富有养分的叶子可全部被保存下来，从而保证了饲料质量。同时，农作物在收获时期，尽管籽实已经成熟，而茎叶细胞仍在代谢之中，其呼吸继续进行，仍然存在大量的可溶性营养物质，通过青贮加工，创造厌氧环境，可抑制呼吸过程，使大量的可溶性养分保存下来，以供动物利用，从而提高其饲用价值。

②青贮饲料适口性好，消化率高　青贮饲料经过微生物作用，产生了具有芳香的酸味，适口性好，可刺激草食动物的食欲、消化液的分泌和肠道蠕动，从而增强消化功能。在青贮保存过程中，可使牧草粗硬的茎秆得到软化，可以提高动物的适口性，增加采食量，提高消化利用率。

③制作青贮饲料的原材料广泛　玉米秸秆是制作青贮的良好原料，同时其他禾本科作物都可以用来制作良好的青贮饲料，而荞麦、向日葵、菊芋、蒿草等也可以与禾本科混贮生产青贮饲料，因而取材极为广泛。特别是牛、羊不喜食的牧草或作物秸秆，经过青贮发酵后，可以改变形态、质地和气味，变成动物喜食的饲料。在新鲜时有特殊气味和叶片容易脱落的作物秸秆，在制作干草时利用率很低，而把它们调制成青贮饲料，不但可以改变口味，而且可软化秸秆、增加可食部分的数量。制作青贮饲料是广开饲料资源的有效措施。

④青贮是保存饲料经济而安全的方法　制作青贮比制作干草占用的空间小。一般每立方米干草垛只能垛 70 kg 左右的干草，而每立方米的青贮窖能保

存青贮饲料 450~600 kg，折合干草 100~150 kg。在贮藏过程中，青贮饲料不受风吹、雨淋、日晒等影响，也不会发生火灾等事故，是贮备饲草经济、安全、高效的方法。

⑤制作青贮饲料可减少病虫害传播　青贮饲料的厌氧发酵过程可使原料中所含的病菌、虫卵和杂草种子失去活力。减少植物病虫害的传播以及对家田的危害，有利于环境保护。

⑥青贮饲料可以长期保存　制作良好的青贮饲料，只要管理得当，可贮藏多年。因而制作青贮饲料，可以保证肉羊一年四季能均衡地吃到优良的多汁饲料。

⑦调制青贮饲料受天气影响较小　在阴雨季节或天气不好时，干草制作困难，而对青贮加工则影响较小。只要按青贮条件要求严格掌握，就可制成优良的青贮饲料。

2. 青贮原理

青贮发酵的过程可分为 3 个阶段：第一阶段是好气活动。饲料植物原料装入窑内后活细胞继续呼吸，消耗青贮饲料间隙中的氧，产生二氧化碳和水，释放能或热量，同时好气的酵母菌与霉菌大量地生长和繁殖。从原料装入到原料停止呼吸，变为嫌气状态，这段时间要求越短越好，可以迅速地减少霉菌和其他有害细菌对饲料的作用。第二阶段是厌氧菌，主要是乳酸菌和分解蛋白质的细菌以异常的速度繁殖，同时霉菌和酵母菌死亡，饲料中乳酸增加，pH 值下降到 4.2 以下。第三阶段是当酸度达到一定的程度、青贮窖内的蛋白质分解菌和乳酸菌本身也被杀死，青贮饲料的调制过程即可完成，各种变化基本处丁一个相对稳定的环境状态，使饲料可以长时间地保存。

3. 青贮的技术要点

（1）排出空气

乳酸菌是厌氧菌，只有在没有空气的条件下才能进行生长繁殖，如不排出空气，就没有乳酸菌存在的余地，而好气的霉菌、腐败菌会乘机滋生，导致青贮失败。因此在青贮过程中原料要切短（3 cm 以下）、压实和密封严，排出空气，创造厌氧环境，以抑制好气菌的活动，促进乳酸菌发酵。

（2）创造适宜的温度

青贮原料温度在 25~35℃时，乳酸菌会大量繁殖，很快便占主导优势，致使其他杂菌都无法活动繁殖，若料温达 50℃时，丁酸菌就会生长繁殖，使青贮饲料出现臭味，以至腐败。因此，除要尽量压实、排出空气外，还要尽可能地缩短铡草装料等制作过程，以减少氧化产热。

（3）掌握好物料的水分含量

适于乳酸菌繁殖的含水量为70%左右，过干不易压实，温度易升高，过湿则酸度大，动物不喜食。70%的含水量，相当于玉米植株下边有3~5片叶子；如果二茬玉米全株青贮，割后可以晾半天，青黄叶比例各半，只要设法压实，即可制作成功；而进行秸秆黄贮，则秸秆含水量一般偏低，需要适当加入水分。判断水分含量的简易方法为：抓一把切碎的原料，用力紧握，指缝有水渗出，但不下滴为宜。

（4）原料的选择

用于青贮饲料的原料很多，如各种青绿状态的饲草、作物秸秆、作物茎蔓等。在农区主要是收获作物后的秸秆和其他无毒的杂草等。最常用的青贮原料是玉米秸秆和专用于青贮的玉米全株。对青贮原料的要求主要是原料要青绿或处于半干的状态，含水量为65%~75%，不低于55%。原料要无泥土、无污染。含水量少的作物秸秆不宜作为青贮的原料。我国青贮饲料的原料主要是收获玉米后的玉米秸秆，秸秆收割得越早越好。青贮过晚，玉米秸秆过干，粗纤维含量增加，维生素和饲料的营养价值降低。乳酸菌发酵需要一定的可溶性糖分，原料含糖多的易贮，如玉米秸、瓜秧、青草等，含糖少的难贮，如花生秧、大豆秸等。含糖少的原料，可以和含糖多的原料混合贮，也可以添加3%~5%的玉米面或麦麸等单贮。

（5）时间的确定

饲料作物应在作物籽实的乳熟期到蜡熟期时进行青贮，即兼顾生物产量和动物的消化利用率。玉米秸秆的收贮时间，一看籽实成熟程度，乳熟早，枯熟迟，蜡熟正适时；二是青黄叶比例，黄叶差，青叶好，各占一半就嫌老；三看生长天数，一般中熟品种110 d就基本成熟，套播玉米在9月10日左右，麦后直播玉米在9月20日左右，就应收割青贮。利用农作物秸秆进行青贮时，要掌握好时机。过早会影响粮食产量；过晚又会使作物秸秆干枯老化、消化利用率降低，特别是可溶性糖分减少，影响青贮的质量。秸秆青贮应在作物籽实成熟后立即进行，而且越早越好。

4. 青贮的制作方法

（1）准备好青贮设备

①青贮容器的选择　根据自己的实际情况，选择青贮窖、池，或使用青贮袋等容器。

②机械准备　铡草机、收割装运机械，并准备好密封用的塑料布。

（2）原料的收割与储运

一是要适时收割。收割过晚，秸秆粗纤维含量高，维生素和水分少，营养价值也低。二是收割、运输要快，原料的堆放要到位，保证满足青贮的需要。

（3）切碎

羊的青贮饲料切碎的长度为1~2 cm。切碎前一定要把饲料的根和带土的饲料去掉，将原料清理干净。

（4）装窖

装窖和切碎同时进行，边切边装。装窖注意3点：一是注意原料的水分含量。适宜的水分含量应为65%~75%，水分不足时应加入水。适宜水分的作用是有利于饲料中微生物的活动；有利于饲料保持一定的柔软度；有利于在水分的作用下使饲料增加密度，减少间隙，减少饲料中空气的含量，便于饲料的保存。二是注意饲料的踩压。在大型青贮饲料制作时，有条件的可使用履带式拖拉机碾压，没有条件时组织人力踩压。要一层一层地踩实，每层的厚度为30 cm左右。特别是窖的四周一定要多踩几遍。三是装窖的速度要快，最好是当天装满、踩实、封窖。装窖时间过长时，容易造成好氧菌的活动时间延长，饲料容易腐败。

（5）密封严实

①青贮窖　当窖装满高出地面50~100 cm时，在经过多遍的踩压后，把窖四周的塑料薄膜拉起来盖在露出地面的饲料上，封严顶部和四周。然后压上50 cm的土层，拍平表面，并在窖的四周挖好排水沟。要确保封闭严实，不漏气、不渗水。封窖后要经常检查窖顶及四周有无裂缝，如有裂缝要及时补好，保证窖内的无氧状态。

②地面堆贮　先按设计好的锥形用木板隔挡四周，地面铺10 cm厚的湿麦秸，然后将铡短的青贮原料装入，并随时踏实。达到要求高度，制作完成后，拆去围板。

③袋式青贮　用专用机械将青贮原料切短，喷入（或装入）塑料袋，排尽空气并压紧后扎口即可。如无抽气机，则应装填紧密，加重物压紧。

④整修与管护　青贮原料装填完后，应立即封埋，将窖顶做成隆凸圆顶，在四周挖排水沟。封顶后2~3 d，在下陷处填土覆盖，使其紧实隆凸。

5. 青贮饲料的品质鉴定

（1）感官鉴定

即通过“看看、闻闻、捏捏”的方法，对青贮饲料的色、香、味和质地进行辨别以判定其品质好坏。

（2）pH 值测定

从被测定的青贮饲料中，取出具有代表性的样品，切短，在搪瓷杯或烧杯中装入半杯，加入蒸馏水或凉开水，使之浸没青贮饲料，然后用玻璃棒不断地搅拌，使水和青贮饲料混合均匀，放置 15~20 s 后，将水浸物经滤纸过滤。吸收滤得的浸出液 2 mL，移入白瓷比色盘内，用滴瓶加 2~3 滴甲基红-溴甲酚绿混合指示剂，用玻璃棒搅拌，观察盘内浸出物颜色的变化。判断出近似的 pH 值，借以评定青贮饲料的品质。

6. 青贮饲料的利用

（1）开窖饲喂

青贮 60 d 后，待饲料发酵成熟、乳酸达到一定的数量、具备抗有害细菌和霉菌的能力后才可开窖饲喂。青贮质量好的青贮饲料，应有苹果酸味或酒精香味，颜色为暗绿色，表面无黏液，pH 值在 4 以下。青贮饲料的饲喂要注意以下几点：一是发现有霉变的饲料要扔掉；二是开窖的面积不宜过大，以防暴露面积过大，好氧细菌开始活动，引起饲料变质；三是要随取随用，以免暴露在外面的饲料变质，取用时不要松动深层的饲料，以防空气进入；四是饲喂量要由少到多，使羊逐渐适应。在生产中有的养殖场（户）不了解青贮的原理和使用的要点，见饲料的表面有点发霉，怕饲料变质坏掉，就赶快把青贮窖上的塑料薄膜去掉并翻动，结果青贮饲料很快腐烂变质，造成了损失。

（2）饲喂量

青贮饲料的用量，应视动物的种类、年龄、用途和青贮饲料的质量而定。开始饲喂青贮饲料时，要由少到多，逐渐增加，给动物一个适应过程。习惯后再增加。青贮饲料具有轻泻性，妊娠母羊可适当减少饲喂量。饲喂青贮饲料后，要将饲槽打扫干净，以免残留物产生异味。

7. 青贮饲料添加剂

为了提高青贮饲料的品质，可在制作青贮饲料的调制过程中，加入青贮饲料添加剂，用来促进有益菌发酵或者抑制有害微生物。常用的青贮饲料添加剂有微生物类、酸类防腐剂以及营养物质等。青贮饲料添加剂的应用，显著地提高了青贮特别是黄贮的效果，明显地改进了黄贮饲料的品质，但同时也增加了成本。因此应在技术人员的指导下，根据实际需要，针对性地采用不同的青贮添加剂及其应用方法，以切实有效地利用青贮添加剂，获得更大的经济效益。

（1）发酵促进剂

①微生物添加剂　青贮能否成功，在很大程度上取决于乳酸菌能否迅速而大量地繁殖。一般青绿作物叶片上天然存在着少量乳酸菌。青贮过程中，若自然发酵，也可能会由于有害微生物的作用，使得青贮原料的营养物质损失过多，因此采用在青贮时加入乳酸菌菌种，可以促进乳酸菌尽快繁衍，产生大量乳酸，降低 pH 值，从而抵制有害微生物的活动，减少干物质损失，获得理想的青贮饲料。国外早在 20 世纪 50 年代就开展这一领域的研究，不少产品已经产业化。中国农业科学院饲料研究所已引进微生物青贮添加剂生产技术，并进行产业化生产。

②碳水化合物　有了足够的乳酸菌，还必须创造有利于其繁衍的适宜环境。除了保持密闭环境之外，乳酸菌还需要一定浓度的糖分作为营养。保证充分乳酸发酵的青贮原料其可溶性碳水化合物含量应高于 2%（鲜样），如果低于 2%，便有必要加入一些可溶性糖，以利发酵。目前，乳酸菌主要用于栽培牧草和饲料作物，因为这些原料具有足够数量的可溶性糖。实际上，乳酸菌往往与少量麸皮等混合制成复合添加剂，既有利于均匀添加，又能起到补充可溶性糖分的作用。这样可以使青贮发酵过程快速、低温、低损失，并能保证青贮饲料的稳定性。

③纤维酶制剂　对于秸秆类饲料，由于其纤维木质素含量较高，常结合采用多种纤维酶制剂。使用纤维素分解酶不仅可以把纤维物质分解为单糖，为乳酸菌发酵提供能源，而且能改善饲料消化率，该类型的酶制剂主要包括纤维素酶、半纤维素酶、木聚糖酶、果胶酶等以及葡萄糖氧化酶，后者的目的是尽快消耗青贮容器内的氧气，形成厌氧环境。国外一些公司已经在我国注册和销售这些产品，我国也已经有此类产品的研究。由于不同饲料化学组成不同，酶的作用方式也会产生差异，因而应该针对不同原料，使用专用型的产品。

（2）发酵抑制剂

这是使用最早的一类青贮饲料添加剂，最初使用无机酸（如硫酸和盐酸），后来使用有机酸（如甲酸和丙酸等）和甲醛。加酸后，青贮饲料迅速下沉，易于压实；作物细胞的呼吸作用很快停止，有害微生物的活动很快得到抑制，减少了发热和营养损失；pH 值下降，杂菌繁殖受到抑制。但是，加酸会增加饲料渗液，也增加了牲畜酸中毒的可能性，应当采取相应的补救和防护措施。例如，减少青贮作物的含水量可以防止渗液，添加一些碳酸钙或小苏打可以缓和酸性。

各种酸的适宜加入量推荐如下：①硫酸、盐酸：先用 5 倍水稀释，每

100 kg 青贮加入 5~8 L 稀释后的硫酸或盐酸；②甲酸：每吨青贮原料加甲酸约 3 kg；③乙酸：可按青贮原料重量的 1%左右加入。④丙酸：一般多喷洒在青贮原料的表面，用以防霉，可按每平方米喷洒 1 L。

(3) 防腐剂

防腐剂虽然不能改善发酵过程，但能有效地防止饲料变质。常用的有丙酸、山梨酸、氨、硝酸钠、甲酸钠等。丙酸广泛用于贮藏谷物防腐中的微生物抑制剂，因此作为青贮饲料防腐剂效果也较好。使用方法可按每平方米青贮饲料加1 L，喷洒在青贮饲料表面。但是，丙酸不能抑制所有与青贮饲料腐败有关的微生物，而且成本也比较高。据报道，有些植物组织（如落叶松针叶）含有植物杀菌素，有较好的防腐效果，也没有毒性。这类防腐剂可因地制宜开发使用。

甲醛（福尔马林）不仅有较好的抑菌防腐作用，还可保护饲料蛋白质在反刍动物瘤胃内免受降解，增加家畜对蛋白质的吸收率，曾被认为是一种有效的青贮饲料添加剂，其推荐用量为 0.3%~1.5%。但是，由于甲醛具有潜在的致癌作用，从动物和人类安全考虑，现在一般不提倡使用。

(4) 营养性添加剂

这类添加剂主要用来补充青贮饲料某些营养成分的不足，有些同时又能改善发酵过程。常用的这类添加剂包括尿素、盐类、碳水化合物等。尿素在瘤胃内分解出氨，再由瘤胃中的细菌合成蛋白质。据资料介绍，美国每年用作饲料的尿素超过 100 万 t，相当于 600 万 t 豆饼所提供的氮素，这样大量饼类蛋白就可省下来用于饲喂单胃牲畜。尿素的加入量为青贮饲料的 0.5%。

青贮饲料中加石灰石不但可以补充钙，而且可以缓和饲料的酸度。每吨青贮饲料中碳酸钙的加入量为 4.5~5 kg。丁酸菌对高渗透压非常敏感，而乳酸菌却较迟钝，添加食盐可提高渗透压，增加乳酸含量，减少乙酸和丁酸含量，从而改善青贮饲料质量。添加食盐还能改善饲料的适口性，增加饲料采食量。

可用作青贮饲料添加剂的其他无机盐类以及在青贮饲料中的添加量为：硫酸铜 2.5 g/t、硫酸锰 5 g/t、硫酸锌 2 g/t、氯化钴 1 g/t、碘化钾 0.1 g/t。

(5) 吸附剂

高水分原料青贮，或者使用酸添加剂时，青贮饲料流出物会很多，不仅损失营养成分，而且会引起环境污染问题。添加吸附剂可减少流出物。但是，吸附剂的效果取决于原料的物理特性、添加方法、青贮窖的结构以及排水性能等多种因素。常用的吸附材料包括甜菜渣、秸秆、麸皮以及谷物等。

甜菜渣具有良好的水吸附能力，可以片状或颗粒状添加，一般在青贮原料装窖分层添加。添加后不仅可以减少青贮流出物量，还可以增加青贮饲料采食量，改善动物生产性能。秸秆也具有良好的吸水性，添加于青贮饲料，具有减少干物质损失，改善发酵品质，提高营养价值（采食量）等作用，并能提高秸秆本身的利用率。方法一般是分层添加。由于稻草糖分含量很低，发酵性较差，添加量不宜过高。据试验，秸秆添加比例以不超过原料的10%为宜。

八、有毒饲料原料的脱毒处理

1. 菜籽饼的脱毒处理

菜籽饼是一种优良的天然植物蛋白源，它的蛋白质含量与氨基酸组成可以与大豆饼相媲美。然而因菜籽饼含有较多的硫代葡萄糖苷和植酸，适口性较差，且能引起中毒，影响了菜籽饼的营养价值和应用范围。菜籽饼经过脱毒，减少毒性后，作为蛋白质原料加入饲料中，可以大大地节约粮食，变废为宝，提高饲养业的经济效益。现介绍几种脱毒方法供参考。

（1）水洗法

水洗法在国外已被采用，所用设备简单，技术简单，易操作，脱毒效果较好。但水洗法费水，损失了部分水溶性蛋白质。

其原理是：菜籽饼中的有毒成分溶于水，尤其是在热水中溶解性更好。脱毒方法是：在水泥池或缸底开一小口，装上假底，将菜籽饼置于假底上，加热水或冷水浸泡菜籽饼，反复浸提，然后淋去水，废水可以回收利用。常用连续流动水和淋滴法两种处理方法。

①连续流动水处理。用凉水连续不断地流入菜籽饼中，不断淋去水、保持2 h，过滤，弃滤液，再用两倍水浸泡3 h，弃滤液，脱毒率可达94%以上。

②淋滴法处理。在菜籽饼中加等量水，浸泡4 h，然后不断加入水，再不断淋去水。淋滴法既省水，又提高了脱毒率。

（2）铁盐法

将菜籽饼粉碎，按饼重的0.5%～1%称取硫酸亚铁，溶于饼重1/2的水中，待硫酸亚铁充分溶解后，将菜籽饼拌湿，存放1 h。在106℃下蒸30 min，取出风干。其原理是：菜籽饼中的硫代葡萄糖苷分解产物在处理时与亚铁离子形成螯合物，不被禽畜吸收，从而达到去毒的目的。这样处理菜籽饼作为饲料，不但脱毒完全，也能给饲料补偿一部分铁盐，对猪、鸡生长有利。这种处理方法简便易行，不受环境、设备条件的影响，且氨基酸与蛋白质损失少，适宜农村饲养专业户和饲养生产厂家采用。

（3）碱处理法

用1%的 Na_2CO_3 水拌和菜籽饼或10%干饼的石灰制成石灰乳拌和菜籽饼，湿度控制在50%左右，堆放1 h，然后用100~105℃蒸汽蒸40 min。

（4）坑埋法

坑埋法简单、成本低，硫苷脱毒率可达到90%~97%，噁唑烷硫酮残毒仅 60×10^{-6}，脱毒率可达99%以上，蛋白质损失率只有1%左右。具体方法是：在干燥耕地挖宽1.0 m，深1.5 m，长度依菜籽饼的数量而定的土坑。每立方米可埋菜籽饼500 kg。装坑草帘上盖0.3 m厚的土，埋2个月即可使用。其原理是：利用土壤前，将菜籽饼加等量的水，坑底铺上席子，装满坑后再盖上席子，利用菜籽饼上自带、空气和水中的多种微生物在缺氧条件下的分解作用，将硫苷分解。菜籽饼中有关的酶也复活进行分解，分解产物被土壤缓慢吸附。这种脱毒方法的脱毒率与土壤含水量关系很大，土壤的含水量为5%，脱毒率可达97%以上，土壤含水量为20%时，脱毒率仅70%。

（5）微生物脱毒法

用微生物制剂作为发酵脱毒剂，它的主要组成是酵母菌、乳酸菌、醋酸菌、白地霉、黑曲霉等法混合微生物浅盘固体培养物，脱毒方法是：将菜籽饼粉碎，加入菜籽饼重0.5%的复合微生物制剂，拌匀，加水调至含量40%，在水泥地板上堆积保湿发酵。8 h后温度为38℃左右，翻堆1次，再堆积，保温，控制温度为35~38℃。每日翻堆1次，发酵第3 d，辛辣味大增，4~5 d辛辣味逐渐消失，发酵完毕。太阳下晒至含水量为8%，即为脱毒菜籽饼。

（6）焙炒法

置粉碎的菜籽饼料于锅中，文火焙炒半小时左右，同时不断翻动，至散发出扑鼻香味，然后掺入0.5%的食盐，搅拌力求均匀，即可饲用。

2. 棉籽饼的脱毒处理

由于棉籽饼中含有对家畜产生毒副作用的棉酚，若对棉籽饼进行脱毒与发酵处理，则可使其成为优良的高蛋白饲料。棉籽饼的脱毒方法主要如下。

（1）化学处理法

①硫酸亚铁法将配制好的硫酸亚铁饱和溶液直接均匀地喷洒在经粉碎的棉籽饼上，含水量不超过10%，以便棉籽饼安全贮存。此外，还可将已加铁剂的棉籽饼用1%石灰水（比例为1∶1）充分拌匀，置于场地上晒干或烘干后即可。加入石灰水可使脱毒更趋完全。

②尿素处理法　尿素加入量为棉籽饼的0.25%~2.5%，加水量10%~

50%，加温至 85~110℃，经过 20~40 min 可使棉籽饼毒性降至微毒。

③氨处理法　将棉籽饼和稀氨液（2%~3%）按 1∶1 比例搅拌均匀后，浸泡 25 min，再将含水原料烘干至含水分 10%即可。

④碱液处理法　配制 2.5%的 NaOH 液与棉籽饼充分混合，其用量与棉籽饼重量比为 0.92∶1，pH 值控制在 10.5。料温达到 72~75℃，持续搅拌 10~30 min 后，均匀喷洒过氧化氢溶液，其用量与湿棉籽饼重量比为（0.18~0.51）∶1，此时棉籽饼的 pH 值为 7~8.5，保持温度在 75~90℃，持续搅拌 10~30 min，最后将料烘干脱水、使棉籽饼含水量降至 7%以下，所得料中几乎不含棉酚。将棉籽饼用石灰水或草木灰水浸泡并淘洗后喂猪，方法简单，效果亦佳。

（2）凹凸棒石处理法

凹凸棒石是一种镁铝硅酸盐，含有很多微量和常量元素，除了可以作为一种矿物质添加剂外，还可做棉籽饼脱毒剂；它与棉籽饼一同均匀地添加到饲料中，其用量与棉籽饼用量比例为 15∶1。

3. 蓖麻饼的脱毒处理

蓖麻饼中含丰富的蛋白质，粗蛋白质含量为 33%~35%。蓖麻蛋白组成中，球蛋白占 60%，谷蛋白占 20%，清蛋白占 16%，不含或含少量动物难以吸收的醇溶蛋白，所以动物可消化吸收绝大多数的蓖麻蛋白。蓖麻饼的赖氨酸含量比豆饼（1.98%）低 56.06%，蛋氨酸含量比豆饼（0.45%）高 21.05%，如果二者配合使用，可达到氨基酸互补的作用。虽然蓖麻饼营养价值较高，但由于其含有蓖麻毒蛋白、蓖麻碱、CB-1A 变应原和血球凝集素 4 种有毒物质，未经处理不能直接饲喂动物，所以长期以来蓖麻饼被当作肥料施用于农田。蓖麻饼中毒素的含量随制油方法不同而各异，冷榨饼粕中毒素含量最高。机榨饼中蓖麻毒蛋白和血球凝集素已失去活性，但蓖麻碱和变应原受到破坏的很少。

（1）化学法

化学法有酸水解法、碱处理法、酸碱联合水解法、酸醛法、碱醛法、石灰法、氨处理法等。化学法脱毒工艺是：将水、蓖麻饼、化学试剂按比例加入耐腐蚀并带有搅拌装置的脱毒罐中，开启搅拌，按照所需温度、压力，通（或不通）蒸气，维持一定时间即可出料进行分离，使蓖麻饼中水分低于 9%。

（2）物理法

物理法脱毒工艺是通过加热、加压（或不加压）、水洗等过程，将蓖麻饼中的毒素转移到水溶液中去，然后通过分离、洗涤等过程将蓖麻饼洗净。

（3）微生物发酵法见菜籽饼

4. 霉变饲料脱毒处理

霉变饲料含有有毒的霉菌毒素，如黄曲霉毒素、麦角毒素、玉米赤霉烯酮等。

黄曲霉毒素是对畜禽生产危害最严重的毒素。黄曲霉毒素致突变性最强，是一种毒性极强的肝毒素，畜禽食入被黄曲霉毒素污染的饲料，会使肝功能下降，造成胆汁分泌减少，同时胰脏分泌的蛋白酶和脂肪酶活性降低，影响饲料中蛋白质和脂肪的吸收利用；它也是较强的凝血因子抑制剂，可造成组织器官淤血、出血；还可造成免疫系统正常功能的发挥受到干扰，使机体抵抗力下降，疫苗不能正常发挥作用，易发生或继发多种疫病。且严重损伤畜禽肝脏，造成中毒甚至死亡，给畜牧业带来严重的经济损失。同时，黄曲霉毒素还可以转移到动物产品中，在动物内脏、肉、蛋、奶中都有残留，通过食物链，对人体健康也同样会造成极大的危害和严重威胁。霉变饲料必须经过脱毒处理后才能使用。处理方法如下。

（1）挑选法

对局部或少量霉烂变质的饲料进行人工挑选，挑选出来的变质饲料要作抛弃处理。

（2）水洗去毒法

将轻度发霉的饲料粉（如果是饼状饲料，应先粉碎）放在缸里，加入清水（最好是开水），水要能淹没发霉饲料，泡开饲料后用木棒搅拌，每搅拌一次需换水一次，如此反复清洗 5~6 次，便可用来喂养动物。或将发霉饲料放在锅里，加水煮 30 min 或蒸 1 d 后，去掉水分，再作饲料用。

（3）碳酸钠溶液浸泡

用5%的碳酸钠溶液浸泡 2~4 h 后再进行干燥。

（4）化学去毒法

采用次氯酸、次氯酸钠、过氧化氢、氨、氢氧化钠等化学制剂，对已发生霉变的饲料进行处理，可将大部分黄曲霉毒素去除掉。

（5）药物去毒法

将发霉饲料粉用0.1%的高锰酸钾溶液浸泡 10 min，然后用清水冲洗两次，或在发霉饲料粉中加入 1%的硫酸亚铁粉末，充分拌匀，在 95~100℃ 条件下蒸煮 30 min 即可。

（6）维生素 C 去毒法

维生素 C 可阻断黄曲霉毒素的氧化作用，从而阻止其氧化为活性形式的毒性物质。在饲料中添加一定量的维生素 C，再加上适量的氨基酸，是克服动物黄曲霉毒素中毒的有效方法。

（7）吸附去毒法

使用霉菌毒素吸附剂可有效去除霉变饲料中的毒素。它是通过霉菌毒素吸附剂在畜禽和水生动物体内发挥吸附毒素的功效，以达到脱毒的目的，是常用、简便、安全、有效的脱毒方法。应用中要选用既具有广谱吸附能力又不吸附营养成分，且对动物无负面影响的吸附剂，较好的吸附剂有百安明、霉可脱、霉消安-1、抗敌霉、霉可吸等。

第三章 现代肉羊饲养管理

第一节 肉羊生长发育规律

一、增重特性

1. 体重增长的一般规律

妊娠期间，胎儿在前两个月生长缓慢，然后逐渐加速，临近分娩时发育速度达到最快。不同时期胎儿身体不同部位的生长特性也不尽相同。一般来说，头部、四肢等重要器官的发育早于肌肉和脂肪的发育。羔羊出生后的前 4 个月生长迅速，尤其是在出生后的第 1 个月内，羔羊生长得非常快，需要较多的营养，特别是优质蛋白质。在母乳充足、营养良好的情况下，羔羊在出生两周后体重可以增加近一倍，肉羊的日增重超过 300 g。因此，羊场的饲养管理应把握羔羊特殊的生长规律，在合适的时机供给营养并做好管理，以达到最好的育肥效果。

一般用出生体重、断奶体重、屠宰前活重以及日增重等数据来表示羊的增重情况。测量时，应定时在早晨喂食前空腹称重，取连续两天测量数据的平均值作为待用数据。增重效果受遗传和饲养因素的影响很大。

2. 营养水平与补偿生长

肉羊的生长受到营养水平的重要影响。过低的营养水平使良种的遗传性能不能充分发挥，制约肉羊的生长。在当前的肉羊养殖中，经常存在营养水平不能满足某阶段生长的情况，影响羊群的育成及羊场效益的提升。对于这种情况，如果能将营养水平及时地提升到符合肉羊生长所需营养水平的状态，恢复良好的营养条件，那么这些肉羊的生长速度会比其他正常饲养的肉羊的生长速度更快，且经过一段时间的饲养后，仍能恢复到正常体重，这种特性叫补偿生长。因此，在生产上，可以灵活利用补偿生长的特点进行饲养管理，提高经济效益。如果羊在关键时期（如断奶前后）生长发育受阻，今后将难以补偿。因此，要特别重视羔羊的饲养管理，避免造成难以恢复的损失。

3. 不同品种类型的增重

肉羊品种主要有大、中、小三种类型，小型品种一般具有早熟的特点。在相同的饲养管理条件下，早熟的小型品种很快就可以出栏，而大型品种需要耗费更多的时间让骨骼发育，之后才能进入脂肪和肌肉的增长期。不同品种肉羊的增重却有着一些相同的特点：当体重相同时，体重增加快的羊饲料回报率更高；当胴体等级相同时，大型、小型肉羊的饲料回报率基本相同。

二、体组织生长特性

在生长期，肉羊体组织的各个方面变化都很大。骨骼是机体发育的最早部分，新生羔羊四肢骨骼的相对长度超过了成年羊。羔羊出生后，其骨骼的生长发育相对稳定，只是长度和宽度的增长，颅骨发育较早，肋骨发育稍晚。出生时骨重占活重的比例为17%～18%，10月龄时骨重占活重的比例降低为5%～6%。

肌肉生长发育的实质是肌纤维体积的增加，肌纤维束相应增大，随着年龄的增加，羊肉的纹理结构变得更为明显、粗糙。因此，羔羊和青年羊的肉质明显要比成年羊和老羊的肉质肥嫩、细腻。新生羔羊的肌肉生长速度快于骨骼的生长速度，肌肉生长的强度和速度因部位、功用不同而不同。羔羊刚出生就需要站立、走路，因此，羔羊腿部的肌肉强度相比于其他部位明显更强；胃部肌肉在羔羊开始采食后生长得很快；头部和颈部的肌肉比背部和腰部的肌肉发育得更早。不同部位的肌肉重量在整体中的比例因年龄、性别等有所差异。后肢肌肉在出生时已经发育完全，其后它在全身肌肉中的比重就降低了，颈部、背部、腰部和肩部肌肉在整个肌肉组织中的比例则有所上升。

从出生到12月龄，羔羊的脂肪增长缓慢，但略快于骨骼，之后逐渐加快增长速度。脂肪生长的顺序是：网油和板油在育肥初期增长较快，之后皮下脂肪增长较快，最后在纤维间沉积，肉质因此变得更加肥嫩。脂肪沉积的顺序大致如下：先形成肾和肠脂肪，然后形成肌肉脂肪，最后形成皮下脂肪。品种不同，羊脂肪沉积的情况也不同。肉羊的脂肪是在肌肉和腰部皮下脂肪之间产生的；肥臀羊的脂肪正如其名，积聚在臀部；胃肠道脂肪是细毛羊的主要脂肪。对于专用早熟肉品种，达到屠宰体重时，总脂肪含量高于奶用品种，早熟肉羊品种的皮下脂肪含量比其他类型的肉羊要高。脂肪沉积的情况不仅与品种有关，还与年龄相关，羊的年龄越大，其脂肪所占的百分比越高。

羔羊的体组织生长特性如下。第一，肌肉的生长速度最快，胴体大的羔羊比胴体较小的羔羊具有更高的肉骨比。第二，羔羊的脂肪含量在生长初期稳定增长，当胴体重量超过 10 kg 时，羔羊的脂肪沉积速度显著变快。第三，骨骼重量的增长最慢，它的重量基础形成于出生前，出生后的生长速度小于肌肉的生长速度。第四，生长早期的骨重的下降幅度大于生长后期；肉重于初期下降，相对稳定一定时期后继续下降；羔羊脂肪重量呈上升趋势，生长后期更加明显。

三、组织器官生长发育

肉羊组织器官的生长发育也具有不均衡性的特点，无论是在胚胎时期还是在生后时期，其不同组织器官的生长强度也是不相同的。皮肤和肌肉在胚胎时期或生后时期，其生长强度均占优势，而脑则相反，生长比较缓慢；肠在胚胎时期其生长强度大于生后时期，睾丸则生后时期大于胚胎期。各器官生长发育迟早和快慢，主要取决于该器官的来源及其形成时间。其系统发育中较老的器官，在个体发育中则出现较早，它们的生长发育较缓慢，结束则较晚。脑和神经系统等是维持生命所必需的主要器官，在系统发育中是较老的，所以在胚胎时期很早就形成了，但生长较晚，结束也较晚。然而那些与生产性能密切相关的器官如乳房，却形成较晚，发育较快，结束较早。

一般而言，肉羊骨骼的生长强度是随年龄的增长而缓慢下降的，其生长发育的转折点则出现在 18 月龄左右，皮肤的生长保持在一定的水平；肌肉的生长强度上升则到 12 月龄左右就开始下降；脂肪的生长强度则随年龄的增长而加强，到了老龄才开始下降。

单一组织也随年龄的增长而发生变化，出生后肌肉的增长多是由于肌肉纤维的增长。肌肉的生长与肌肉的功能是密切相关的。腹外斜肌与腹壁外的肌肉，羔羊出生后随着消化道的生长发育，该肌肉的生长加快。一般来说，其肌肉纤维呈束状生长，当肌肉纤维生长时，肌肉纤维变粗。因此，老龄肉羊的羊肉粗糙而幼龄羊的羊肉则细嫩。

肉羊脂肪沉积的部位也随年龄不同而有所区别。一般肉羊脂肪沉积首先贮存于内脏器官附近，其次是肌肉之间，继而是皮下，最后贮积于肌肉纤维中，形成所谓的“大理石”肌肉。

各种组织与器官的生长波在不同条件影响下，可能会相应地推迟或提前。

例如，正常的生长波优先排列顺序为脑→骨→肌肉→脂肪等，若受到营养不良的影响，也按此顺序推迟。

四、补偿生长发育规律

1. 补偿生长的概念

肉羊遭到相当长的营养限制后，解除营养限制而饲喂较丰富的营养，此时肉羊的生长速度可能要比未经营养限制的同龄肉羊或同体重的肉羊要快，这种现象即补偿生长。早期的营养限制一般有两层含义：一是肉羊育肥场或有条件的肉羊养殖户，有意识地在羔羊阶段进行限制性生长，以降低肉羊的养殖成本，并在以后获得补偿生长；二是养殖场（户）由于饲养条件的限制，如冬春季节草料不足以及北方地区长期缺乏牧草，而引起的营养限制，草料充足后获得补偿生长。

早期经过营养限制而生长受损的肉羊，在以后施以较之前丰富的营养，并非都可获得较高的生长速度。其肉羊的品种、性别、限制开始时的年龄、限制期的长短、营养限制的程度以及补偿期配套的饲养措施等，均影响补偿期肉羊的生长速度。如限饲期时间过长，或限饲过度，或补偿期饲养措施不当，则很难获得期望的补偿生长，甚至早期的生长受损也难以逆转。

2. 补偿生长的可能机理

综合专家的观点，认为补偿生长的可能机理是：①肉羊在限制饲养期以及解除营养限制 2~4 周内，肉羊的维持需要量降低，而更多的饲料养分则用于生长发育；②生长和育肥的能量利用率提高；③增重成分中蛋白质和水分的浓度增加，其能量浓度下降；④补偿期肉羊的采食量提高，消化道的内容物增加。

3. 补偿生长的原理应用

养殖场（户）有意识地在肉羊的某个生长阶段（一般在 4 月龄以后）施行营养限制可节约肉羊养殖的饲养成本，但要正确地掌握营养限制的标准。一般来说宁可适当地延长肉羊的限饲时间，也不能加重营养限制的程度；宁可限制其肉羊的采食量，也不能降低日粮的全价性及其养分浓度；同时要掌握好肉羊合适的限饲年龄和生理阶段。

养殖场（户）采用异地育肥时，外购羊到育肥场的前两周内，其采食量可能要下降，因此应适当地提高其日粮的养分浓度。此时，提高肉羊日粮中的蛋白质浓度可增加其蛋白质的摄入量，并可能提高干物质采食量和日增重。如果对外购买的前期营养受损的肉羊进行一段时间（约一个月）的补偿性饲养后，发现其生长速度仍然很慢，则表明该肉羊前期受损过度，难以恢复，因此应中断对该肉羊进行补偿性饲养，以降低其生产成本。

五、育肥羊膘情的判断

羊的肥瘦情况就是膘情，它是反映羊的健康状况和饲养水平的主要依据之一，与羊的健康状况和生产性能有关。日粮不足或饲养管理不当，会导致羊膘情变差、体质虚弱、易感疾病。羊过度肥胖也会对生产造成不利影响，会造成繁殖障碍，出现浪费饲料的情况，同时增加饲养成本，进而降低羊场经营的收益。

第二节　种公羊饲养管理

种公羊数量少，种用价值高，俗话说：“公羊好，好一坡，母羊好，好一窝。”对种公羊必须精心饲养管理，要求常年保持中上等膘情，健壮的体质、充沛的精力、良好的精液品质，可保证和提高种羊的利用率。

一、种公羊的营养特点

种公羊的营养应维持在较高的水平，以使其常年精力充沛，维持中等以上的膘情。配种季节前后，应加强种公羊的营养，保持上等体况，使其性欲旺盛，配种能力强，精液品质好，充分发挥作用。种公羊精液中含高质量的蛋白质，绝大部分必须直接来自饲料，因此种公羊日粮中应有足量的优质蛋白质。另外，还要注意脂肪、维生素 A、维生素 E 及钙、磷等矿物质的补充，因为它们与精子活力和精液品质有关。秋冬季节种公羊性欲比较旺盛，精液品质好；春夏季节种公羊性欲减弱，食欲逐渐增强，这个阶段应有意识地加强种公羊的饲养，使其体况恢复，精力充沛。8 月下旬日照变短，种公羊性欲旺盛，若营养不良，则很难完成秋季配种任务。配种期种公羊性欲强烈，食欲下降，很难补充身体消耗，只有尽早加强饲养，才能保证配种季节种公羊的性欲旺盛，精液品质好，圆满地完成配种任务。

要求喂给种公羊的草料营养价值高，品质好，容易消化，适口性好。种公羊的草料应因地制宜，就地取材，力求多样化。

二、种公羊的选择

1. 根据其系谱进行选择

选择系谱清楚、双亲资料齐全、父母均为良种羊、遗传力强、生产性能好、无明显遗传缺陷的种公羊。只有选择遗传力强、生产性能好的种公羊，才能最大限度地发挥其生产潜力，提高生产力。

2. 根据公羊的体型外貌进行选择

一般选择种公羊，体格较同种母羊要高大，胸宽深，肩宽厚，背宽而平直，肋骨开张良好，尻部宽长而不过斜，臀部肉厚轮廓明显，股部肌肉丰满，腿强健，腿长与体高比例适中，整个体躯圆厚而紧凑，生殖器官发育良好。

3. 根据后裔测定成绩进行选择

根据后裔测定成绩进行选择的种公羊，效果比较理想，选择系谱记录详细，且至少 3 代，体型外貌符合本品种特征，有条件的种羊场，依据后裔测定进行科学合理的选择。

三、种公羊的饲养

1. 非配种期的饲养

种公羊非配种期的饲养以恢复和保持其良好的种用体况为目的。配种结束后，种公羊的体况都有不同程度的下降。为使种公羊体况很快恢复，在配种刚结束的 1~2 个月，种公羊的日粮应与配种期基本一致，但对日粮的组成可做适当调整，加大优质青干草或青绿多汁饲料的比例，并根据体况的恢复情况，逐渐转为饲喂非配种期日粮。在我国，绵羊、山羊品种的繁殖季节大多集中在 9—12 月（秋季），非配种期较长。在冬季，种公羊的饲养保持较高的营养水平，既有利于其体况恢复，又能保证其安全越冬度春。要做到精粗饲料合理搭配，补喂适量青绿多汁饲料（或青贮饲料）。在精饲料中应补充一定的矿物质微量元素，混合精饲料的用量不低于 0.5 kg，优质干草 2~3 kg，种公羊在春夏季有条件的地区应以放牧为主，每天补喂少量的混合精饲料和干草。

2. 配种期的饲养

种公羊在配种期内要消耗大量的养分和体力，因配种任务或采精次数不同，不同种公羊个体对营养的需要量相差很大。一般对于体重 80~90 kg 的种公羊每天饲料定额如下：混合精饲料 1.2~1.4 kg，苜蓿干草或野干草 2 kg，胡萝卜0.5~1.5 kg，食盐15~20 g，骨粉5~10 g，鱼粉或血粉5 g。每天分2~3次给草料，饮水3~4次。每天放牧或运动约6 h。对于配种任务繁重的优秀种公羊，每天应补饲1.5~2.0 kg的混合精饲料，并在日粮中增加部分动物性蛋白质饲料（如蚕蛹粉、鱼粉、血粉、肉骨粉、鸡蛋等），以保持其良好的精液品质。配种期种公羊的饲养管理要做到认真、细致，要经常观察羊的采食、饮水、运动及粪、尿排泄等情况。

在配种前1.5~2个月，逐渐调整种公羊的日粮，增加混合精饲料的比例，同时进行采精训练和精液品质检查。开始时每周采精检查1次，以后增至每周2次，并根据种公羊的体况和精液品质来调节日粮或增加运动。对精液稀薄的种公羊，应增加日粮中蛋白质饲料的比例；当精子活力差时，应加强种公羊的放牧和运动。采精次数要根据种公羊的年龄、体况和种用价值来确定。

在我国农区的大部分地区，羊的繁殖季节有的可表现为春秋两季，有的可全年发情配种。因此，对种公羊全年均衡饲养较为重要，除搞好放牧、运动外，每天应补饲0.5~1.0 kg混合精饲料和一定的优质干草。对舍饲饲养的公羊每天应喂给混合精饲料1.2~1.5 kg，青干草2 kg左右，并注意矿物质和维生素的补充。

四、种公羊的管理

在管理上，种公羊要与母羊分群饲养，以避免系谱不清、乱交滥配、近亲繁殖等现象的发生，使种公羊保持良好的体质、旺盛的性欲以及正常的采精配种能力。如长期拴系或配种季节长期不配种，会出现自淫、性情暴躁、顶人等恶癖，管理时应予以预防。

种公羊每天要保证充足的运动量，常年放牧条件下，应选择优良的天然牧场或人工草场放牧种公羊；舍饲羊场，在提供优质全价日粮的基础上，每天安排4~6 h的放牧运动，每天游走不少于2 km或运动不少于6 h，并注意供给充足饮水。此外，种公羊配种采精要适度，一般1只公羊可承担30~50只母羊的配种任务。种公羊配种前1~1.5个月开始采精，同时检查精液品质。开始一周采精1次，以后增加到一周2次，到配种时每天可采1~2次，不要连续采精。对1.5岁的种公羊，一天内采精不宜超过1~2次，2.5岁种公羊每天可采精3~4次。采精次数多的，期间要有休息，公羊在采精前不宜吃得过饱。

第三节　种母羊饲养管理

一、种母羊的营养特点

根据生理状态，母羊一般处于空怀期、妊娠期或泌乳期。空怀期母羊所需的营养最少，不增重只需要维持营养。妊娠期的前 3 个月胎儿的生长发育较慢，需要的营养物质稍多于空怀期。妊娠期的后 2 个月，由于身体内分泌机能发生变化，胎儿的生长发育加快，羔羊初生重的 80%~90%都是在母羊妊娠后期增加的，因此营养需要也随之增加。泌乳期要为羔羊提供乳汁，以满足哺乳期羔羊生长发育的营养需要，应在维持营养需要的基础上根据产奶量高低和产羔数多少给母羊增加一定量的营养物质，以保证羔羊正常的生长发育。

二、种母羊的饲养管理

种母羊是羊群发展的基础，母羊数量多，个体差异大。为保证母羊正常发情、受胎，实现母羊多胎、多产，羔羊全活、全壮，不仅要根据母羊群体营养状况合理调整日粮，而且对少数体况较差的母羊，应单独组群饲养。对妊娠母羊和带仔母羊，要着重搞好妊娠后期和哺乳前期的饲养和管理。舍饲母羊饲粮中饲草和精饲料比以 7∶3 为宜，以防止过肥。体况好的母羊，在空怀期，只给一般质量的青干草，保持体况，钙的摄食量应适当限制，不宜喂给钙含量过高的饲料，以免诱发产褥热。如以青贮玉米作为基础日粮，则每天应喂给 60 kg 体重的母羊 3~4 kg 青贮玉米，过多会造成母羊过肥。妊娠前期可在空怀期的基础上增加少量的精饲料，每只每天的精饲料喂量约为 0. 4 kg；妊娠后期至泌乳期每只每天的精饲料喂量约为 0. 6 kg，精饲料中的蛋白质水平一般为 15%~18%。

1. 空怀母羊

空怀期饲养的重点是，迅速恢复种母羊的体况，抓膘复壮，为下一个配种期做准备。饲养以青粗饲料为主，延长饲喂时间，每天喂 3 次，并适当补饲精饲料。空怀母羊这个时期已停止泌乳，但为了维持正常的消化、呼吸、循环以及维持体况等生命活动，必须从饲料中吸收满足最低营养需要量的营养物质。空怀母羊需要的风干饲料为体重的 2. 4%~2. 6%。同时，应抓紧放牧，使母羊尽快复壮，力争满膘迎接配种。为保证母羊在配种季节发情整齐，缩短配种期、增加排卵数和提高受胎率，在配种前 2~3 周，除保证青粗饲料的供给、适当喂盐、满足饮水外，还要对空怀母羊进行短期补饲，每只每天喂混合精饲料 0.2~0.4 kg，这样做有明显的催情效果。

2. 怀孕期母羊

（1）怀孕前期

在怀孕期的前 3 个月内胎儿发育较慢，母羊所需养分不太多。对放牧羊群，除放牧外，视牧场情况做少量补饲。要求母羊保持良好的膘情。管理上要避免吃霜草或霉烂饲料，不使羊受惊猛跑，不饮冰碴水。

（2）怀孕后期

在怀孕后期的 2 个月中，胎儿生长很快，羔羊 90%的初生重在此期间完成生长。只有母羊的营养状况良好，才能保证胚胎充分发育、羔羊的初生重大、体格健壮，母羊乳汁多、恋羔性强，最终保证羔羊以后发育良好。如在此期间营养供应不足，就会产生一系列不良后果，仅靠放牧一般难以满足母羊的营养需要。

对怀孕后期的母羊，要根据膘情好坏、年龄大小、产期远近，对羊群作个别调整。产前 8 周精饲料比例提高 20%，产前 6 周精饲料比例提高 25%~30%；不要饲喂体积过大和含水量过高的饲料，产前 1 周要减少精饲料用量，避免胎儿过大引起难产。供给优质干草和精饲料，要注意蛋白质、钙、磷的补充。能量水平不宜过高，不要把母羊养得过肥，以免对胎儿造成不良影响。

对那些体况差的母羊，要将其安排在草好、水足，有防暑、防寒设备的地方，放牧时间尽量延长，保证每天吃草时间不少于 8 h，以利增膘保膘，冬季饮水的温度不要过低，尽量减少热量的消耗，增强抗寒能力。对个别瘦弱的母羊，早、晚要加草添料，或者留圈饲养，使群内母羊的膘情大体趋于一致。这种母羊群的产羔管理比较容易，而且羔羊健壮、整齐。对舍饲的母羊，要备足草料，夏季羊舍应有防暑降温及通风设施，冬季羊舍应利于保暖。另外，还应有适当运动场所供母羊活动。

要注意保胎，出牧、归牧、饮水、补饲都要慢而稳，防止拥挤、滑跌，严防跳崖、跨沟，最好在较平坦的牧场上放牧，羊舍要保持温暖、干燥、通风良好。

（3）分娩前后

分娩前后是母羊生产的关键时期，应给予优质干草舍饲，多喂些优质、易消化的多汁饲料，保持充足饮水。产前 3~5 d，对接羔棚舍、运动场、饲草架、饲槽、分娩栏要及时修理和清扫，并进行消毒。母羊进入产房后，圈舍要保持干燥，光线充足，能挡风御寒。母羊在产后 1～7 d 应加强管理，一般应舍饲或在较近的优质草场上放牧。产后 1 周内，母仔合群饲养，保证羔羊吃到充足初乳。产后母羊应注意保暖防潮，预防感冒。产后 1 h 左右应给母羊饮温水，第一次饮水不宜过多，切勿让产后母羊喝冷水。产后哺乳母羊不能和妊娠羊同群管理和放牧，否则会影响产后哺乳母羊恋羔性，不利羔羊的生长。这时应该单独组群放牧或分群舍饲，以免相互影响。

三、哺乳母羊的饲养管理

母羊哺乳期一般为 90～120 d，可以分为哺乳前期和哺乳后期。

1. 哺乳前期

哺乳前期是指产羔后的 2 个月内，哺乳母羊的饲养管理与妊娠后期的饲养管理一样重要，是饲养种母羊的关键。其原因有以下几点。一是母羊产羔后，体质虚弱，需要尽快恢复。二是羔羊在哺乳期生长发育快，需要较多的营养。但是由于羔羊瘤胃发育不完全，采食能力和消化能力差，所以羔羊的营养完全依赖于母羊的乳汁，若母羊泌乳性能好，产奶量多，则羔羊生长发育快、成活率高。三是从母羊的泌乳特点来看，母羊产羔后，15～20 d 的泌乳量增加很快，并且在随后的 1 个月保持较高的泌乳量，在这个阶段母羊将饲料转换为乳汁的能力比较强，增加营养可以起到增加泌乳效果的作用。因此，在泌乳前期必须加强哺乳母羊的饲养和营养。夏季要充分满足母羊对青草的要求，冬季要饲喂品质较好的青干草和各种树叶等。同时，要加强对哺乳母羊的补饲。

哺乳前期的饲养管理主要是恢复产羔母羊体质，满足羔羊哺乳需要。舍饲状态下的母羊需要注意以下几点。第一，刚产后的母羊腹部空虚，体质衰弱，体力和水分消耗很大，消化机能较差，这几天要喂给易消化的优质干草，多喂饮盐水、麸皮汤等效果更好。青贮饲料和多汁饲料有催奶作用，但不能给得过早、太多。产羔后 1～3 d，如果膘情好，可少喂精饲料，以喂优质干草为主，以防消化不良或发生乳房炎。第二，母羊产后 7 d 左右，乳汁消耗逐渐增多，此时开始增加鲜干青草、多汁饲料和精饲料，并注意矿物质和微量元素的供给。母羊在最高泌乳时期的营养需要约为空怀母羊的 3 倍，因此，必须经常供给钙、磷、食盐、胡萝卜素、维生素 A 和维生素 D。此外，在土壤和牧草缺硒的地区，还应注意维生素 E 和硒的补给，否则所生羔羊易患白肌病。第三，加强母羊运动，有助于促进血液循环，增强母羊体质和泌乳能力。每天必须保证 2 h 以上的运动。第四，该时期母羊营养消耗较大，既要恢复体况，又要分泌乳汁，此时要增加粗蛋白质、青绿多汁饲料的供应。日粮可参照妊娠后期日粮标准，另外增加苜蓿草 0.25 kg，青贮饲料 0.25 kg 或 0.15 kg 的混合精饲料。第五，注意哺乳卫生，防止发生乳房炎。第六，哺乳前期单靠放牧不能满足母羊泌乳的需要，因此必须补饲草料。哺乳母羊每天饲喂精饲料的数量应根据母羊食欲、反刍、排粪、腹下水肿和乳房肿胀消退情况以及所哺育羔羊数、所喂饲草的种类及质量而定。一般产单羔的母羊每天补精饲料 0.3~0.5 kg，青干草 2 kg，多汁饲料 1.5 kg，或者每天补饲精饲料 0.5~1 kg，食盐 10~15 g，骨粉 10~15 g。产双羔母羊每天补精饲料 0.4~0.6 kg，干草 1 kg，多汁饲料 1.5 kg。但是体重在 50~60 kg 哺育双羔的母羊，即便是在以优质花生秧为饲草的情况下，哺乳前期（产后 45 d 以内）每天也需要 600~700 g 含饼类 40%左右的精饲料，若哺育单羔，可适当减少。如果哺育 3 羔乃至 4 羔，则需要更多的精饲料，以便能够更充分地发挥哺乳母羊的泌乳潜力。若计划提前进行羔羊断奶，应临到羔羊断奶后 3~4 d 减喂，乃至停喂，以便促进干奶。总之，饲料要逐渐增加，有条件时多喂青绿饲草以及补充胡萝卜等。

在生产实践中有一点必须得引起足够重视，即哺乳母羊不可多喂精饲料，原因主要有以下两个方面。一是母羊分娩后不久，特别是在产后的 2~3 d 脾胃虚弱，消化机能减退。而精饲料与牧草不同，对羊而言，属于较难消化的饲料，一旦多喂，特别是对于瘦弱的个体，在原来很长时间没有喂过精饲料的情况下，极易发生消化不良，甚至引发消化性疾病。二是如果母羊产前膘情不是很好，并且已有腹下水肿或乳房严重肿胀等现象，多喂精饲料不仅会提高饲养成本，而且会因营养过剩而加剧其腹下水肿或乳房水肿的症状，甚至导致其患乳房疾病。为了促进母羊的身体康复，同时有利于其乳汁分泌，此时应多喂一些青绿多汁、容易消化且有一定轻泻作用的饲料，如新鲜牧草、糠麸或胡萝卜等其他块根块茎饲料。

2. 哺乳后期

产羔后的 3~4 个月称为哺乳后期。在哺乳后期的 2 个月中，母羊泌乳能力逐渐下降，虽然加强补饲，也很难达到哺乳前期的泌乳水平。同时羔羊的采食能力和消化能力也逐渐提高，此期羔羊已能采食大量青草和粉碎饲料，对母乳的依赖程度减小，羔羊生长发育所需要的营养物质可以从母羊的乳汁和羔羊本身所采食的饲料中获得。从 3 月龄起，母乳仅能满足其本身营养的 5%~10%。所以哺乳后期母羊的饲养已不是重点，精饲料的供给量应逐渐减少，日粮中精饲料标准应调整为哺乳前期的 70%，由哺乳前期每只母羊 0.5~1 kg/d，减少到 0.2~0.5 kg/d，同时增加青草和普通青干草的供给量，逐步过渡到空怀期的饲养管理。对母羊可以逐渐取消补饲，转为完全放牧吃青。哺乳后期的母羊，主要靠放牧摄取营养，对体况较差者也可酌情补饲，以利于其恢复体况。但是在羔羊断奶时，哺乳母羊要停止喂精饲料 3~5 d，以预防母羊乳房炎的发生。

第四节　羔羊饲养管理

一、早吃初乳

羔羊出生后，要尽早吃到初乳，吃饱初乳。初乳是母羊分娩后 4~7 d 内分泌的乳汁。初乳中含有丰富的蛋白质（17%~23%）、脂肪（9%~16%）、矿物质等营养物质和抗体，对增强羔羊体质、抵御疾病具有重要作用。其中镁盐还有促进胃肠蠕动，排出胎粪的功能。据测定，初乳中含有较多的抗体和溶菌酶，还有抗原凝集素，能拮抗特殊品系的大肠杆菌。初乳比常乳中矿物质和脂肪含量高 1 倍，维生素含量高 20 倍。要及时吃到初乳，还因为羔羊胃肠对抗体的接收能力每小时都在下降，出生 36 h 后，就不再吸收完整的带抗体的蛋白质大分子。所以，要保证初生羔羊在 30 min 之内吃上初乳。对母性强的母羊，一般产后就能哺乳羔羊，但初产母羊或护羔行为不强的母羊所产羔羊及初生弱羔，均需人工辅助羔羊吃奶。方法是保定好母羊，然后把羔羊推到母羊乳房跟前，羔羊就会吃奶，反复几次之后羔羊就能自行吃奶了。对丧母的初生孤羔，应为其找保姆羊，如找产单羔或死了羔的母羊喂养。为避免保姆羊拒绝给奶，可把母羊的乳汁或尿液涂到羔羊头部和躯体上，以骗取母羊认仔。初生羔羊要跟母羊共同生活 7 d 左右才能建立感情。在哺初乳的几天内，羔羊生长很快，平均日增重可达 200~220 g。

二、安排好吃奶时间

在出生后 10 多天内，母子同圈，羔羊自由吃奶，几乎隔 1~2 h 就需吃奶 1 次。20 d 以后吃奶次数减少到每隔 4 h 1 次。若白天母羊放牧，可将羔羊留在羊舍饲养，中午母羊回羊舍喂奶 1 次，加上出牧、归牧各 1 次，就等于羔羊白天吃奶 3 次。

三、及早补饲

补饲是为了锻炼羔羊的胃肠功能，尽早建立采食行为。羔羊生后15~20 d时，就应开始训练吃草料。羔羊喜食幼嫩的豆科干草或嫩枝叶，可在羊圈内安装羔羊补饲栏，将切碎的幼嫩干草、胡萝卜放在食槽里任其采食。20 d后开始训练吃混合精饲料。一般要求混合精饲料中粗蛋白质含量在15%以上，并注意供给优质易消化、适口性好的蛋白质饲料，粗纤维含量不超过6%，同时还要补钙和补磷。精饲料的组成可为粉碎的玉米、小麦、麸皮、豆饼、食盐等。初喂饲料应质地疏松，易于消化，可先炒熟后粉碎，提高适口性，不可喂饲豆类以及脂肪含量高的饲料，以免引起消化不良。为使羔羊更好地利用淀粉，可在混合精饲料中加入少量麦芽，以促进淀粉糖化。待全部羔羊都会吃料后，转入定时定量饲喂，喂料量由少到多，少给勤添。20日龄后用小盆盛些清洁饮水放在运动场上让羔羊自由饮用。从1月龄起，除随母羊放牧外每只每天补饲精饲料25~50 g，食盐1~2 g，骨粉3~5 g，青干草自由采食。羔羊50日龄后，随着母羊泌乳逐渐减少，羔羊进入增料阶段，对蛋白质需要逐渐转入补喂的草料上，此时在日粮中应注意补加豆饼、鱼粉等优质蛋白质饲料，以利羔羊快生长、多增重。

四、羔羊代乳料及人工育羔

1. 代乳料

即仿照母乳成分人工配制的代替羊乳的高营养全价饲料。

2. 代乳料的作用与意义

①羔羊代乳料可有效解决多胎羊乳汁不足、多羔多亡的问题，克服牛奶育羔死亡率高的缺陷。

②使用羔羊代乳料实行早期断奶，可以大大缩短母羊的繁殖周期，减少母羊空怀时间，从而实现两年三产，提高母羊利用率。

③代乳料可促进羔羊消化系统提早有序发育，提高羔羊体质，从而提高成活率。

④代乳料易于贮存，使用方便，可随用随冲，操作简单，适用于各种规模和养殖条件。

⑤提高羔羊成活率、减少资源浪费，增加经济收益。

3. 代乳料的种类

市场上常见的代乳品分为羔羊代乳料和犊牛代乳料。羔羊代乳料的加工工艺和营养元素与免疫因子的含量都优于犊牛代乳料，在使用时应认准产品的种类。代乳料的加工工艺和营养元素的配比很重要，代乳料的可溶性、乳化性和适口性等因素都与饲喂效果有关。不具备一定生产条件的饲料厂所生产的代乳料达不到效果，难以保证羔羊正常成活和健康生长。

羔羊代乳料按蛋白来源分为植物蛋白源性代乳料和乳蛋白源性代乳料。植物蛋白源性代乳料的蛋白源主要是大豆蛋白、玉米蛋白和小麦面筋蛋白；乳蛋白源性代乳料蛋白源主要是脱脂奶粉。

4. 适用对象

7~45 日龄以内超前断奶的羔羊；出生时母羊无奶或少奶的羔羊；超过母羊哺乳能力的一胎多羔羊。

5. 人工育羔关键技术

人工代替母羊用代乳料哺育羔羊谓之人工育羔。人工育羔最初是在母羊产后死亡、无奶或多仔的情况下采用的应急性技术措施，随后发展为羔羊早期断奶的一项专门技术。目前，人工育羔已成为发展多胎型肉羊、推行两年三产高频繁育技术的关键技术之一。人工育羔关键是要做到早吃初乳、早期补饲、专人管理和“三定一讲”（定时、定温、定量和讲究卫生）。

（1）早吃初乳、吃足初乳

羔羊在产后半小时内应吃到初乳，最迟不超过 1 h。目前国内外生产的羔羊代乳料只能替代常乳、不能替代初乳。因此，早吃、多吃初乳对增强羔羊体质和抵抗疫病能力具有重要意义，也是人工育羔成败的第一步。对那些母羊初乳较少不能吃足初乳的羔羊采取寄养；对无法寄养或拒绝寄养的，应人工辅助其吸吮其他母羊的初乳 2~3 次后，再采用代乳料人工哺乳。

（2）专人管理，“一专”到底

就是要固定专人喂奶、专人管理，“一专”到底。选定有一定文化、懂技术、责任心强的饲养员或专业技术人员，负责代乳料的配制、灌喂、器具的清洗消毒和保管，从羔羊产出直到羔羊断奶。

（3）定温、定时、定量喂奶

定温代乳奶的温度是决定人工哺乳羔羊生长发育和成活率的关键，也是“三定”中最重要的一环。奶温偏高，会烫伤羔羊口腔黏膜，不利于采食；奶温偏低，不利于消化，容易造成羔羊拉稀，影响生长发育，甚至死亡。所以，一定要做好代乳奶的调温和保温，使其保持在适宜的温度（38~40℃）范围内。

定时即确定好每日喂奶的次数、时间间隔和每次喂奶的时间，建立条件反射，有利羔羊消化及管理，保证有序进行。随着羔羊年龄和体重的增长，每日喂奶的次数逐渐减少、喂量逐渐增加、间隔时间也逐渐加大。

定量即确定好每次的喂奶量。个体之间喂量可以不等，但每个个体每次喂量要一致或接近，不可忽多忽少。随着羔羊年龄和体重的增长，每日喂奶的次数逐渐减少、间隔时间也逐渐加大，每次喂奶量要随之逐渐增加。

五、早期断奶

羔羊早期断奶可以缩短母羊产羔间隔并控制繁殖周期，达到1年2胎或2年3胎。目前推行羔羊早期断奶，一般采用两种方式进行。一种是在羔羊出生1周龄左右即行断奶，然后用代乳品进行人工育羔；另一种是在羔羊出生45~50日龄时断奶，断奶后除饲喂优质青饲料或放牧外，还应适当补喂混合精饲料。无论采用何种方式断奶，羔羊必须吃到初乳。若采用1周龄左右断奶，羔羊1月龄前可用玉米粉30%、小麦粉22%、炒黄豆粉17%、脱脂奶粉20%、酵母4%、白糖4.5%、钙粉1.5%、食盐0.5%、微量元素添加剂0.5%、鱼肝油1~2滴、加清水5~8倍、搅拌均匀，煮沸后冷至37℃左右代替奶水饲喂；羔羊1月龄后可用玉米粉40%、小麦粉25%、豆饼粉10%、奶粉10%、麸皮10%、酵母2%、钙粉2%、食盐0.5%、微量元素添加剂0.5%，混合后加适量水搅拌饲喂。

第五节　育成羊饲养管理

从断奶到第一次配种的公、母羊通称育成羊（也叫后备羊）。由于公羊数量少、母羊数量大，通常多指母羊。育成羊是羊群的未来，其培育质量是羊群面貌能否尽快转变的关键。我国很多农户对育成羊的饲养重视不够，在冬春季节不加补饲，所以出现程度不同的发育受阻，影响其成年的品质和生产性能。

一、育成羊的选种

育成羊选留是维持或提高羊群质量、扩大生产规模最基础的重要手段。生产中经常在育成期对羊只进行挑选，把品种特性优良的、高产的、种用价值高的公羊和母羊挑选出来留作后备种羊，而将不符合种用要求的公母羔淘汰或将使用不完的公羊转为商品肉羊。这一过程称之为育成羊选种。

育成羊选留标准有两个。一是品种标准，二是生产性能。前者，要求选留的育成羊要符合该品种标准中所规定的不同生长阶段的各项指标和体型外貌特征；后者，则要求被选留育成羊的双亲或母亲具有较高的生产水平，依据系谱和个体生产性能记录选留其后代。

就多胎羊而言，除了其发育正常健康、符合本品种外貌特征外，还要查阅其双亲特别是母亲的繁殖性能记录，将多胎性状作为主要指标。一般以其母亲育成期生长速度快、发情早、怀孕和生产 2~3 只羔羊、母性强的母羊后代（断奶羔羊）为选留的主体。连续 2 胎产单羔的母羊后代，即使强壮高大、长势喜人，也要坚决予以淘汰；除非特殊需要（如杂交育种），才选留 3 羔以上母羊的后代作后备种羊。

二、育成羊的培育

育成前期

年龄为 3~5 月龄。其特点是生长发育较快，营养需要量大。如果此期营养不良，就会显著地影响到生长发育，形成个头小、体重轻、四肢高、胸窄、躯干浅的体型，致体质瘦弱、被毛稀疏且品质不良、性成熟和体成熟推迟、不能按时配种，进而影响其一生的生产性能。所以，这一时期的主要任务就是，尽一切可能满足羊只发育的各种营养需求，增加自然光照和自由运动，尽最大限度发挥其遗传潜力。

（1）加强营养

羔羊断乳以后，要按性别、大小、强弱，分群分圈饲养管理。按饲养标准制定饲养方案和日粮配方；按月抽测体重，根据增重情况调整饲养方案。无条件制作全价日粮配方的，要调整混合精饲料配方，提高蛋白质饲料的比例（20%~30%），增加混合精饲料喂量［≥300 g/（只·d）］；同时，注意饲料中微量元素、维生素和必需氨基酸的补给。

留作育成羊的羔羊一般多选择冬羔，断奶后正值夏季青草期。此时，要充分利用青绿饲料鲜嫩多汁、富含矿物元素和维生素、干物质中蛋白营养丰富全面的特点，采用放牧或放牧+补饲的饲养方式，促进机体消化器官的发育，培育出体格大、身腰长、四肢粗壮结实、肌肉发达匀称、肋骨开张度好、胸深与胸围大、内脏器官发达，具备品种体型外貌特征的断奶羔羊。

（2）驱虫

断奶后 15~20 d 驱虫，一周后再补一次。

(3) 越冬补饲

秋季选留的断奶羔羊，会遇到其生平第一个越冬期的考验，尤其是北方漫长而寒冷冬天的严峻考验。因为，此时正处于生长发育时期的育成羊恰与饲草枯黄、营养品质低劣及初春饲料缺乏季节相遇，长达6~7个月的冬春枯草季节风大气冷、能量消耗加大，需要摄取大量的营养物质才能抵御寒冷的侵袭以维持其正常生长发育，饥寒交迫威胁很大。所以，加强补饲是保证断奶羔羊安全越冬的关键环节。无论是舍饲还是放牧，都要储备足够的优质青干草和青贮饲料。混合精饲料补饲量以0.3~0.5 kg/（只·d）为宜，公羔则比母羊增加30%~50%。同时，还应注意补充矿物质，如钙、磷、盐及维生素A、维生素D等添加剂。

(4) 接种疫苗，预防传染病

105 d时，接种口蹄疫疫苗。经鉴定选留的后备羊，在配种前须接种国家制免疫规定和地方特殊规定疫病疫苗，以免在配种后接种引起母羊流产、造成损失。

(5) 剪毛药浴

出生在冬季的育成羊，在春末夏初交替时（5月底6月初）必须剪毛，则会因夏季炎热而影响羊只的生长发育，以及出现皮肤疾病。春季出生的则不须剪毛，待到下年剪毛即可。无论剪毛与否，都必须随成年羊一样，每年在春末冬初药浴2次。

第六节　肉羊一般管理技术

一、正确捉羊与倒羊

捉羊是管理上常见的工作。常见抓羊者，抓住羊体的某一部分强拉硬扯，使羊的皮肉受到刺激，羊毛生长受影响，甚至使羊体受到损伤。

正确捉羊的方法有很多，可以根据自己的实际情况选择使用。如：用一只手迅速抓住羊的小腿末端（小腿末端较细，便于手握而不易伤及皮肉），然后用另一只手抱住羊的颈部或托住下颌；右手捉住羊后腱部，然后左手握住另一腱部，因为腱部的皮肤松弛，不会使羊受伤，人也省力，容易捕捉；尽量抓羊腰背处的皮毛，直接抓腿时防扭伤。抓羊时，不可将羊按倒在地使其翻身，因羊肠细而长，这样易造成羊肠扭转使羊死亡。羊抓住后，人骑在羊背上，用腿夹住羊的前肢固定好，便可喂药、打针，做各种检查了。

引导羊前进时，如拉住颈部和耳朵时，羊感到疼痛，用力挣扎，不易前进。正确的方法是一只手在额下轻托，以便左右其方向，另一只手在坐骨部位向前推动，羊即前进。

放倒羊的时候，人应站在羊的一侧，一只手绕过羊颈下方，紧贴羊另一侧的前肢上部，另一只手绕过后肢紧握住对侧后肢飞节上部，轻托后肢，使羊卧倒。

二、编号

进行肉羊改良育种、检疫、测重、鉴定等工作，都需要掌握羊的个体情况，为便于管理，需要给羊编号。

编号多用耳标法。耳标分为金属耳标和塑料耳标两种，形状有圆形、长条形、凸字形等。使用金属耳标时，先用钢字钉将编号打在耳标上，习惯上编号的第一个字母代表年份的最后一位数，第二、第三个数代表月份，后面跟个体号，“0”的多少由羊群规模大小而宜。种羊场的编号一般采用公单母双进行编号。例如：20600018，“206”代表该羊是 2002 年 6 月生的，后面的“00018”为个体顺序号，双数表示此羊为母羊。耳标一般佩戴在左耳上。在小型肉羊场，因为规模小，所产羔羊不多，也可选用五位数对羔羊进行编号：第一个字母代表品种，第二、第三位数代表年份的最后两位数，后面直接跟个体号，公羔标单号，母羔标双号，“0”的多少由羊群规模大小来定。如 T9002，T 代表所养的肉羊品种是陶赛特，“90”代表是 1990 年，“02”代表该羔羊的个体号是 02 号，并且是母羔。

打耳标时，先用碘酊消毒，然后在靠近耳根软骨部避开血管处，用打孔钳打上耳标。塑料耳标目前使用很普遍，可以直接将耳标打在羊的耳朵上，成本低，而且以红、黄、蓝等不同颜色代表羊的等级，适用性更强。

三、去势

去势一般在羔羊生后 1~2 周内进行，天气寒冷或羔羊虚弱，去势时间可适当推迟。去势法有结扎法，刀切法。结扎法是在公羔生后 3~7 d 进行，用橡皮筋结扎阴囊，隔绝血液向睾丸流通，经过 15 d 后，结扎以下的部位脱落。这种方法不出血，亦可防止感染破伤风。刀切法是由一人固定公羔的四肢，腹部向外显露出阴囊，另一人用左手将睾丸挤紧握住，右手在阴囊下 1/3 处纵切一切口，将睾丸挤出，拉断血管和精索，伤口用碘酒消毒。

四、去角

肉羊公母羊一般均有角，有角羊只不仅在角斗时易引起损伤，而且饲养及管理都不方便，少数性情恶劣的公羊，还会攻击饲养员，造成人身伤害。因此，采用人工方法去角十分重要。羔羊一般在生后 7~10 d 去角，对羊的损伤小。人工哺乳的羔羊，最好在学会吃奶后进行。有角的羔羊出生后，角蕾部呈漩涡状，触摸时有一较硬的凸起。去角时，先将角蓄部分的毛剪掉，剪的面积要稍大些（直径约 3 cm）。去角的方法主要如下。

1. 烧烙法

将烙铁于炭火中烧至暗红（亦可用功率为 300 W 左右的电烙铁）后，对保定好的羔羊的角基部进行烧烙，烧烙的次数可多一些，但每次烧烙的时间不超过 1 s，当表层皮肤破坏，并伤及角质组织后可结束，对术部应进行消毒。在条件较差的地区，也可用 2~3 根 40 cm 长的锯条代替烙铁使用。

2. 化学去角法

即用棒状苛性碱（氢氧化钠）在角基部摩擦，破坏其皮肤和角质组织。术前应在角基部周围涂抹一圈医用凡士林，防止碱液损伤其他部分的皮肤。操作时先重、后轻，将表皮擦至有血液浸出即可。摩擦面积要稍大于角基部。术后应将羔羊后肢适当捆住（松紧程度以羊能站立和缓慢行走即可）。由母羊哺乳的羔羊，在半天以内应与母羊隔离；哺乳时，也应尽量避免羔羊将碱液污染到母羊的乳房上而造成损伤。去角后，可给伤口撒上少量的消炎粉。

五、修蹄

肉羊由于长期舍饲，往往蹄形不正，过长的蹄甲，使羊行走困难，影响采食。长期不修，还会引起蹄腐病、四肢变形等疾病，还直接影响种公羊配种。

修蹄最好在夏秋季节进行，因为此时雨水多，牧场潮湿，羊蹄甲柔软，有利于削剪和剪后羊只的活动。操作时，先将羊只固定好，清除蹄底污物，用修蹄刀把过长的蹄甲削掉。蹄子周围的角质修得与蹄底基本平齐，并且把蹄子修成椭圆形，但不要修剪过度，以免损伤蹄肉，造成流血或引起感染。

六、羔羊断尾

一些长瘦尾型的羊，为了保护臀部羊毛免受粪便污染和便于人工授精，应在羔羊出生一周后将尾巴在距尾根 4~5 cm 处去掉，所留尾巴的长度以母羊尾巴能遮住阴部为宜。通常羔羊断尾和编号同时进行，可减少抓羊次数，降低劳动强度。

1. 结扎法

就是用橡皮筋或专用橡皮圈，套紧在尾巴的适当位置上（第三、第四尾椎间），断绝血液流通，使下端尾巴因缺血而萎缩、干枯，经 7~10 d 而自行脱落。此方法优点是不受断尾时条件限制，不需专用工具，不出血、无感染，操作简单，速度快，安全可靠，效果好。

2. 热断法

用带有半月形的木板压住尾巴，将特制的断尾铲热后用力将尾巴铲掉。此方法需要有火源和特制的断尾工具及两人以上的配合，操作不太方便，且有时会形成烫伤，伤口愈合慢，故不多采用。

七、剪毛

春季在清明前后，秋季在白露前剪毛。

剪毛应注意以下 6 点。

①剪毛应在天气较温暖且稳定时进行，特别是春季更应如此，剪毛后要有圈舍，以防寒流袭击而造成羊群伤亡。

②剪毛前 12~24 h 不应饮水、补饲，空腹剪毛比较安全。

③不管是手动剪毛还是电动剪毛，剪毛动作要轻、要快，特别是对于妊娠母羊要小心，对妊娠后期的母羊不剪毛为好，以防造成流产。

④不要剪重剪毛（回刀毛、重茬毛），剪毛应紧贴皮肤，留毛茬 0.3~0.5 cm，即使留毛茬过高，也不要重剪第二次，因第二次剪下的毛过短，失去纺织价值。

⑤剪毛场所要干净，防止杂物混入毛内。

⑥剪毛时，对剪破的皮肤伤口要用碘酒涂擦消毒。在发生破伤风的疫区，每年都应注意注射破抗疫苗，以防发生破伤风。

八、药浴

药浴是用杀虫剂药液对羊只体表进行洗浴。山羊每年夏天进行药浴，目的是防治肉羊体表寄生虫、虱、螨等。常用药有溴氰菊酯、敌百虫、螨净、除癞灵等及其他杀虫剂。

1. 常用的药浴方式

（1）盆浴

盆浴的器具可用浴缸、木桶、水缸等，先按要求配制好浴液（水温在30℃左右）。药浴时，最好由两人操作，一人抓住羊的两前肢，另一人抓住羊的两后肢，让羊腹部向上。除头部外，将羊体在药液中浸泡 2~3 min；然后，将头部急速浸 2~3 次，每次 1~2 s 即可。

（2）池浴

此方法需在特设的药浴池里进行。最常用的药浴池为水泥建筑的沟形池，进口处为一广场，羊群药浴前集中在这里等候。由广场通过一狭道至浴池，使羊缓缓进入。浴池进口做成斜坡，羊由此滑入，慢慢通过浴池。池深 1 m 多，长 10 m，池底宽 30~60 cm，上宽 60~100 cm，羊只能通过而不能转身即可。药浴时，人站在浴池两边，用压扶杆控制羊，勿使其漂浮或沉没。羊群浴后应在出口处（出口处为一倾向浴池的斜面）稍作停留，使羊身上流下的药液可回流到池中。

（3）淋浴

在特设的淋浴场进行，优点是容浴量大、速度快、比较安全。淋浴前先清洗好淋浴场，并检查确保机械运转正常即可试淋。淋浴时，把羊群赶入淋浴场，开动水泵喷淋。经 3 min 左右，全部羊只都淋透全身后关闭水泵。将淋过的羊赶入滤液栏中，经 3~5 min 后放出。

池浴和淋浴适用于有条件的羊场和大的专业户；盆浴则适于养羊少，羊群不大的养羊户使用。

2. 羊只药浴注意事项

①药浴应选择晴朗无大风天气，药浴前 8 h 停止放牧或喂料，药浴前 2~3 h 给羊饮足水，以免药浴时吞饮药液。

②先浴健康的羊，后浴有皮肤病的羊。

③药浴完，羊离开滴流台或滤液栏后，应放入晾棚或宽敞的羊舍内，免受日光照射，过 6~8 h 后可以喂饮或放牧。

④妊娠两个月以上的母羊不进行药浴，可在产后一次性皮下注射阿维速克长效注射液进行防治，安全、方便、疗效高，杀螨驱虫效果显著，保护期达 110 d 以上。也可采用其他阿维菌素或伊维菌素药物防治。

⑤工作人员应戴好口罩和橡皮手套，以防中毒。

⑥对病羊或有外伤的羊，以及妊娠 2 个月以上的母羊，可暂时不药浴。

⑦药浴后让羊只在回流台停留 5 min 左右，将身上余药滴回药池。然后赶到阴凉处休息 1~2 h，并在附近放牧。

⑧当天晚上，应派人值班，对出现有个别中毒症状的羊只及时救治。

九、驱虫

羊的寄生虫病较常见，患病羊往往食欲降低，生长缓慢，消瘦，毛皮质量下降，抵抗力减弱，重者甚至死亡，给养羊业带来严重的经济损失。为了防止体内寄生虫病的蔓延，每年春秋两季要进行驱虫。驱虫后 1~3 d 内，要安置羊群在指定羊舍和牧地放牧，防止寄生虫及其虫卵污染羊舍和干净牧地。3~4 d后即可转移到一般羊舍和草场。

常用的驱虫药物有四咪唑、驱虫净、丙硫咪唑、伊维菌素、阿维菌素等。丙硫咪唑是一种广谱、低毒、高效的驱虫药，每千克体重的剂量为 15 mg，对线虫、吸虫、绦虫等都有较好的治疗效果。为防止寄生虫病的发生，平时应加强对羊群的饲养管理。注意草料卫生，饮水清洁，避免在低洼或有死水的牧地放牧。同时结合改善牧地排水，用化学及生物学方法消灭中间宿主。多数寄生虫卵随粪便排出，故对粪便要发酵处理。

十、刷拭

刷拭羊体可增加羊的血液循环，为保持羊体的清洁卫生，可每天进行一次或两天进行一次，工具可用棕刷、旧的扫把、旧的钢刷、旧木工锯条等。刷拭顺序一般是从前到后，从上到下。刷拭可在饲喂后进行，山羊更应当刷拭。

第四章　现代肉羊育肥管理

第一节　肉羊育肥原理

肉羊的育肥是科学地应用饲料和管理技术，用尽可能少的饲料，获得尽可能高的肉羊日增重，生产出量大质优的羊肉。要想快速育肥肉羊，就必须给予肉羊的营养物质高于其维持和正常生长发育的需要。在不影响肉羊正常消化的前提下，饲喂肉羊的营养物质越多，获得的肉羊日增重就越高，而单位增重所耗费的饲料就越少，并可使肉羊提前出栏，若希望获得含脂肪较少且品质较高的羊肉，则在肉羊育肥的前期，其饲喂日粮中的能量水平则不可太高，而饲料中的蛋白质数量应充分满足，到肉羊的育肥后期，再适当地提高饲料中的能量水平；反之，则会获得含脂肪较多的羊肉。

不同品种的肉羊，在育肥期内对营养物质的需要量是有差异的，如果要想得到相同的日增重，其非肉用品种所需的营养物质要高于肉用品种，肉用品种的营养物质需要量要比兼用品种高出 10%～20%。不同生长发育阶段的肉羊，育肥期间所需要的营养水平也不相同。羔羊正处在生长发育阶段，其增重的主要部分是肌肉、内脏和骨骼，所以其饲料中提供的蛋白质含量也应适当地高一些；而成年羊在育肥期间增重的部分主要是脂肪，其饲料中提供的蛋白质含量可以适当地低一些，而能量的含量则应高一些。由于肉羊在不同生长发育阶段的增重成分不同，则每单位增重所需的营养物质以羔羊最少，成年羊最多。其羔羊的消化机能不如成年羊完善，因而对饲料的品质要求较高。羔羊在育肥期间，前期的增重是以肌肉和骨骼生长为主，后期则以脂肪沉积为主，因而在羔羊的育肥前期，其所提供的饲料应供给充足的蛋白质和适当的能量，在育肥后期，则应供给充足的能量。当肉羊育肥到一定的时期，脂肪沉积到一定程度后，育肥肉羊会出现生命力降低，食欲减退，饲料转化率下降，日增重减少，如继续对肉羊育肥则很不合算。一般羔羊的年龄越小，则理想的育肥期越长，羔羊的育肥期可延长到 1 岁左右。肉羊的年龄越大，则育肥期越短，如成年羊育肥仅需 2～3 个月即可。而肉羊育肥期的长短，还受饲料品质和饲养方式的影响，其放牧育肥的饲养效率要低于舍饲育肥，因此放牧肉羊的育肥期要比舍饲肉羊的育肥期长一些。环境温度对育肥肉羊的营养需要和增重的影响也较大，如平均气温低于 7℃时，则肉羊机体的产热量增加，其采食量也增加，但低温会增加热能散失量，使所饲喂肉羊饲料的增重效率也随之降低。低温环境育肥肉羊则应相应增加饲料的营养水平，才能维持肉羊较高的日增重，若空气湿度大和大风天气，则更会加剧低温对肉羊育肥的不良影响。当气温高于 32℃时，肉羊的呼吸和体温也会随之增高，则会导致肉羊的采食量减少，如气温过高还会导致肉羊的食欲下降甚至停食、流涎，严重时甚至会发生中暑死亡。如高温高湿则会加剧对肉羊的危害，在育肥后期危害更大。

肉羊属于草食动物，其育肥期日粮中粗饲料应占整个饲喂饲料的 30%～40%，即使到了肉羊的育肥后期，其饲喂的粗饲料也不应低于 30%左右，或饲料中的粗纤维含量不可低于 8%～10%。在保证育肥肉羊粗饲料饲喂量的前提下，养殖场（户）应尽可能想方设法地改善饲喂肉羊的粗饲料品质（除尽可能选择豆科类粗饲料外，可对粗饲料进行氨化、微贮和青贮处理），以增加肉羊的采食量，从而提高肉羊日粮中的营养水平，而不应单纯地追求增加饲喂肉羊精饲料的数量。同时在肉羊的育肥过程中，养殖场（户）应避免隔年羔羊的育肥，因为隔年羔羊育肥容易导致羔羊在冬春季节体况下降，难以恢复，影响其育肥饲养的经济效益。对于隔年羔羊育肥可采用舍饲的饲养方式，利用高能量的日粮饲养，使其尽快出栏，肉羊在育肥过程中，应尽可能避免某一饲养阶段营养跟不上，造成肉羊的肌肉生长发育受阻，即使是以后加强对肉羊的营养也难以补偿，致使出栏屠宰的肉羊与合理育肥出栏屠宰的肉羊相比，其胴体骨骼、内脏的比例增大，脂肪含量增高，瘦肉的比例下降，肉品品质欠佳。肉羊在育肥前期饲喂饲料的营养水平应维持在正常生长发育阶段的营养水平，在育肥期内营养水平应逐渐提高，在育肥后期应给予高营养水平的饲料，如放牧条件较差时，则应注意补喂高营养水平的饲料。羔羊在育肥时，应维持高营养水平的饲养条件，以促使其正常地生长发育。另外，肉羊在育肥期间，应保持育肥环境安静，并尽可能减少育肥羊群的活动量，以减少其营养物质的消耗，从而提高肉羊的育肥效果。

第二节　影响肉羊育肥的因素

一、品种

肉羊的品种不同，其增重的遗传潜力也不同，如一些大型的肉羊品种（如波尔山羊）的日增重可达到200 g以上，而我国的一些普通的地方山羊品种的日增重仅为60 g左右。由于目前我国尚无专门的肉羊品种，为了提高我国肉羊的育肥水平，必须大量地利用国内外一些肉用羊品种，如波尔山羊等进行杂交改良。据试验，其杂交一代羊的日增重平均可提高80%。

二、营养水平

育肥肉羊的营养水平不同，育肥效果也不尽相同。用3~4月龄的波黄杂交一代羊作育肥试验发现，在高营养水平的饲养条件下，其日增重可高达380 g以上，而中营养水平的日增重只有180 g左右，低营养水平的日增重更低，仅有80 g左右。

三、饲料类型

育肥肉羊的饲料类型不同，育肥效果也不尽相同。用波黄杂交一代羊进行育肥试验发现，以青粗饲料为主的日粮，其日增重仅有120 g左右，而以精饲料为主的日粮，则日增重可高达380 g。除此之外，肉羊的日粮搭配也对其胴体组成有很大的影响。用优质青干草加上麸皮、饼渣搭配的日粮饲喂育肥的肉羊，其胴体中肌肉所占的比例要高于以谷物类饲料为主的肉羊，且育肥肉羊肉品中的脂肪比例也远远低于以谷物类饲料为主的肉羊。另外，谷物类饲料的粉碎细度也影响肉羊的育肥效果，用整粒或压扁的玉米饲喂肉羊，其日增重比用细粉玉米育肥肉羊的效果高10%左右。且因饲料在肉羊瘤胃中停留的时间短，减少了谷物类饲料在瘤胃中发酵的营养物质损失，增加了过瘤胃淀粉的数量，提高了瘤胃液的pH值、从而有助于精饲料和粗饲料的消化吸收，改善肉羊的生产性能和饲料的利用率。因此，在羔羊和青年羊的育肥过程中，提倡将玉米压扁后再给肉羊饲喂。

四、年龄

肉羊的育肥年龄不同，其育肥效果也不相同。对波黄杂交一代羊进行育肥效果研究表明，在肉羊强度育肥的条件下，4 月龄左右肥羔的屠宰分析，其肌肉占 70%左右、脂肪占 9%左右，骨占 18%左右；在 8 月龄左右时，则肌肉占 64%左右、脂肪占 12%左右，骨占 17%左右；在 12 月龄左右时，则肌肉占 63%左右，脂肪占 23%左右，骨占 14%左右；在 16 月龄左右时，则肌肉占 60%左右，脂肪占 27%左右，骨占 13%左右；在 18 月龄左右时，则肌肉占 58%左右，脂肪占 29%左右，骨占 13%左右；在 24 月龄左右时，则肌肉占 56%左右，脂肪占 33%左右，骨占 11%左右。由此可见，随着肉羊年龄的增长，其肌肉、骨骼所占的比例越来越低，而脂肪所占的比例则越来越高。

五、性别

肉羊的不同性别对育肥效果也有很大的影响，育肥强度最大的是 6 月龄左右的公羊，其次是阉羊，最后是母羊。当公羊进入性成熟后，由于阉割摘除了性腺，缺乏雄性激素对肌肉以及骨骼生长的有效刺激，因此阉割可使肉羊的生长强度降低 15%左右。但是阉割可使肉羊的脂肪沉积率增加，特别有利于脂肪渗入肌肉内，形成高档羊肉。

六、季节

不同的季节对肉羊的育肥效果也有影响。最适合于肉羊育肥的季节为春秋季节。春秋季节气温适宜，各种牧草生长旺盛，饲草充足，肉羊的采食量大，有利于肉羊的增重。据饲喂试验，肉羊在露天饲养的条件下，春秋季节肉羊的增重比冬春寒冷季节高 14%左右，比夏季高温季节高 8%左右，据研究表明，肉羊最适宜的育肥温度为 26℃左右。在冬春寒冷季节气温较低，不利于肉羊的育肥增重，但在很多地方，为了减少肉羊在冬春寒冷季节掉膘，养殖场（户）采用塑料暖棚育肥肉羊，由于塑料暖棚内温度较高，肉羊的育肥效果也得到了明显的提高。

第三节　肉羊育肥方式

根据不同的饲养标准，可将肉羊的育肥划分为若干个方式。

一、根据饲养方式育肥

根据饲养方式可将肉羊育肥划分为放牧育肥、舍饲育肥和半舍饲半放牧育肥三种育肥方式。

1. 放牧育肥

放牧育肥是肉羊育肥最廉价而又实用的饲养育肥方式。在饲草资源丰富的山区、半山区、丘陵地区以及广大的草原地区，则提倡肉羊春季、夏季和秋季放牧育肥。对肉羊实施放牧育肥的条件要求是：牧草生长旺盛，能够满足肉羊育肥的营养需要，且放牧育肥的肉羊养殖品种是地方品种和肉用改良品种（早熟品种）。

（1）肉羊实施放牧育肥优点

①有利于降低肉羊的饲养成本，肉羊放牧可使廉价的天然牧草资源得到转化和利用。肉羊在放牧的条件下饲养，可使饲料和人工工资等方面的费用比肉羊舍饲低 50%~70%，因此，可降低肉羊的生产成本和增加肉羊的养殖收益。

②有利于改善肉羊的健康状况、繁殖性能和产品品质，肉羊进行适当的放牧运动，有利于肉羊的身体健康和繁殖性能的提高。放牧羊群主要采食未受工业尘埃及农药污染的杂草而生长繁殖，加之放牧羊群本身的抵抗力强，很少使用抗生素等有残留的药物。因此，放牧育肥的肉羊羊肉产品较安全、卫生。

③有利于天然牧草的再生，一般天然牧草在自然生长的过程中，其牧草植物的衰老组织不仅不能进行有效的光合作用，而且呼吸消耗植物的营养资源，并且因遮阳而阻碍牧草下部枝条的产生和生长。如果牧草的这些衰老组织被放牧的肉羊采食后，即可有利于牧草的再生。另外，大量的研究表明，当肉羊放牧采食了牧草的顶端后，牧草会发生超补偿生长，即肉羊放牧采食了顶端的牧草，其产量要高于未受伤害的牧草。肉羊的合理放牧采食还可以刺激被采食牧草的种子产量、生物学产量、无性繁殖器官的数量、分蘖密度等的增加，从而增加牧草的生产力、寿命和繁殖潜力。

④有利于营养物质的再循环，土壤中营养物质的可利用性是牧草生长的一个条件。在大多数的情况下，土壤中的养分总是处于有限供应状态。在不被肉羊放牧的条件下，其牧草残体的分解速度较慢，土壤中可利用的养分含量较低。当有肉羊放牧时，大部分被肉羊采食的植物组织均是以粪尿的形式返还给草地，加速了土壤的养分循环，有利于营养物质的再生。因此，肉羊的合理放牧采食，可以通过提高土壤肥力而诱导牧草的超补偿生长。

⑤有利于维持生物的多样性，如草场采取合理的羊群放牧，其草场条件的良性转化仍然是可能的。肉羊对牧草的合理啃食会促进牧草植被的长期茂盛，并可维持草场生态系统生物物种的多样性，如疏林区的繁茂牧草不被肉羊利用，不仅会造成牧草资源的浪费，而且容易滋生病虫害，且繁茂的牧草更是草场发生火灾的根源。肉羊在牧场上适度地啃食还能使牧草的有害虫类危害比例下降。

（2）正确处理好肉羊放牧与生态环境保护的关系

①要控制好牧场的载畜量，研究证明，肉羊在自然植被上放牧，若草场利用率超过产草量的45%~50%时，会引起牧草组织的破坏，肉羊喜食的优良牧草会逐渐减少，甚至会消失，而肉羊不喜食或不宜食用的杂草、毒草则会相应地增多；反之，如果牧草的利用率低于40%~45%时，不仅草场植被的组成与产量均将有所改善，而且能够获得较高的养殖效益。因此，不论是肉羊新放牧的饲养区，还是传统的放牧饲养区，均应依据草场的产草量确定其载畜量，且应因地制宜，以草定畜。

②发展季节性羔羊肉生产，每年冬季和早春出生的羔羊，可以有效地利用夏秋季节生长旺盛的牧草，实现羔羊较快的生长速度。也可采取放牧加补饲，或放牧饲养加短期舍饲育肥等方法，使羔羊在寒冬季节到来之前，其育肥体重达到上市的标准。这样，一方面可缓解冬春季节草场的放牧压力，将有限的牧草留给繁殖母羊放牧；另一方面可为市场提供优质的羔羊肉，满足人们对羊肉消费的需求。

③实现肉羊养殖良种化，在我国的地方肉羊品种中，绝大多数均表现生长缓慢，饲养周期长，羔羊不能当年育肥出栏，养殖效益低，造成牧草资源的极大浪费。而大多数良种肉羊品种如波尔山羊 6 月龄体重即可达到 30 kg 以上，此时上市的羔羊不仅可为市场提供具有竞争优势的优质羔羊肉，还可节约大量的饲料资源，减轻草场的放牧压力。

虽然天然草场作为可更新的自然资源具有较大的生产潜力，但人工草场上的载畜量、单位草场的肉产量、单位草场的肉质量均大大高于天然草场，而草地畜牧业发达国家的经验是，人工草场的面积占天然草地面积的 10%，畜牧业生产力比完全依靠天然草地增加一倍以上。因此，大力发展人工草地的数量和质量已成为畜牧业现代化的重要标志之一。目前，美国的人工草地占天然草地的 15%，俄罗斯占 10%，荷兰、丹麦、英国、德国、新西兰等国占 60%~70%。但我国目前草地的生产力很低，人工草地面积仅为天然草地面积的 2%。我国北方牧区约有2 000万 hm^2 的土地适宜人工种植牧草，建立人工草地和饲料基地，根据两院院士近年的考察论证，我国南方地区宜于近期开发利用的草地有1 200万 hm^2，如果实现科学合理的开发利用，其载畜量可相当于新西兰一个国家的养殖规模，可年产牛羊肉300万 t以上，约等于2 400万 t粮食，另外，北方开发潜力较大的还有农牧交错地带，包括11个省、自治区、直辖市的150多个县（市、区），其总面积约为5 000万 hm^2。如果将其中的2 000万 hm^2建成高产人工草地和饲料基地，将形成120万 t牛羊肉的生产能力，等于生产960万 t粮食。在农区，完全实行种植业的三元结构（农作物、经济作物和饲料作物）后，估计饲料作物的种植面积可达1 200万 hm^2，相当于增加饲料粮4 000万 t。因此，必须增加资金投入，加大技术投入力度，努力改善我国草地的生产和生态环境，并使草地资源得到合理的利用，大幅度地提高我国草地畜牧业的生产能力，缓解我国因水资源和耕地不足造成的粮食紧缺，增强我国农业可持续发展的后劲。

（3）肉羊放牧育肥方式的选择

可依据草场的面积、地形、植被状况、放牧季节和羊群的大小等决定肉羊育肥方式。主要形式有如下三种。

①围栏放牧，即根据草场的地形将肉羊的放牧场地用铁丝和木栏围起来，在一个围栏内，根据牧草所提供的营养物质数量，并结合肉羊的营养需要，安排一定数量的羊群放牧采食。羊群在围栏内放牧采食一段时间后，再驱赶到另一围栏内放牧。

②小区轮牧，即指在划定肉羊季节草场的基础上，根据牧草的生长状况、草地生产力、羊群的营养需要和寄生虫的危害情况，将肉羊的放牧场地划分为若干个小区，羊群按一定的顺序在小区内进行轮回放牧。羊群在一个小区内的放牧时间应限定在6 d以内（因羊体内的寄生虫虫卵随粪便排出体外，需要6 d左右才可发育成具有感染力的幼虫，如羊群在一个小区内的放牧时间限定在6 d以内，则可减少寄生虫的感染机会），且在小区内轮牧可减少羊群游走所消耗的热能，加快肉羊的生长速度。肉羊放牧周期的确定则主要取决于牧草的再生速度。一般来说，在温暖地区和温暖季节放牧，肉羊适宜采用短期轮牧，在寒冷地区和寒冷季节，则适宜采用长期轮牧。肉羊在短期轮牧时，一般春季为10~15 d，夏季为20~30 d，冬季为35~40 d；肉羊在长期轮牧时，其春、夏、秋、冬季节分别为21~30 d，35~40 d，60~70 d和80 d以上。在确定肉羊放牧周期的天数之前，应事先测定好草场的产草量，然后再确定肉羊的放牧数量和轮牧周期。

③自由放牧，一般该种放牧方式是在草场缺乏的农区或半农区的小群肉羊

放牧主要采用的形式。

（4）肉羊放牧育肥的队形与控制

肉羊在实施放牧育肥时，应适当地控制羊群的放牧队形，一般肉羊在放牧中常见的控制队形有一条鞭、满天星、背着放、抱着放和拐着放等。养殖场（户）可根据其放牧地形和放牧时间灵活掌握，并随时变换。

①一条鞭放牧法，即利用肉羊都愿意采食头排草的特点，将羊群排在一条线上放牧，让羊群形成齐头并进采食牧草的队形，使每只羊均能采食到优质的牧草，而且肉羊的食欲好、吃草快。一般在牧草茂盛的地方和在早晚天气较凉爽时常采用此种放牧队形。

②满天星放牧法，即在较宽敞的草场上，让羊群形成均匀分散地、自由地采食队形、一般放牧羊群大部分时间呈这种队形。在此种放牧队形中，羊与羊之间的距离大，空气流畅，一般在天气炎热的夏秋季节或羊群已吃到半饱而不愿乱跑时，多采用此种放牧队形，在阴雨天羊群被雨水淋湿后，使用此种放牧队形时，可使羊毛干得快，且不易引起羊群生病。

③背着放放牧法，即在羊群放牧时，牧羊工在羊群的前面领着放牧或压住羊群不让其乱跑。此种放牧法一般在山区或小块牧地放牧时多采用。

④抱着放放牧法，即指牧羊工在羊群的后面边赶着羊群放牧边向前走。一般羊群在晚间放牧或在炎热的天气放牧时，羊群不爱走路时多采用此种放牧队形。其优点是牧羊工可照顾到每只放牧的羊，并防止羊群丢失。

⑤拐着放放牧法，即指牧羊工在放牧羊群的侧面来回跑动赶着羊群向前走。牧羊工可以前后照顾好羊群，不允许羊群乱跑，一般在较狭窄的道路或羊群在田间地边放牧时多采用此种放牧队形。

不论肉羊采用何种放牧方式，牧羊工均必须做到“三勤”（即腿勤、眼勤、嘴勤）、“四稳”（即出牧稳、放牧稳、收牧稳、饮水稳）、“四看”（即看地形、看草场、看水源、看天气），宁可放牧时多磨嘴，不让羊群多跑腿，确保羊群一天放牧能达到早、中、晚三次吃饱。

（5）肉羊四季放牧要点，我国民间总结出了许多肉羊放牧育肥的经验均值得养殖场（户）借鉴。如“春放阴，夏放阳，七八月份放沟塘，十冬腊月放撂荒”。现总结我国劳动人民对肉羊放牧育肥方面积累的“肉羊放牧四季歌”如下。

春放低洼一条线，防止跑青人在前。山区先到阴坡牧，草干再把阳坡上。青草刚生吃不饱，先干后精防毒草。合理分群去遛茬，早出晚归要补草。夏放岗地满天星，沟塘壕沿防蚊蝇。山区上午放西岗，下午再往东坡挪。晴天顶风背太阳，早出晚归午乘凉。阴天下雨顺风放，井泉流水饮肥羊。秋放旬子二茬草，山区树下把草找。庄稼收完再遛茬，顺垄放牧效果佳。先吃杂草饮好水，然后再去放豆茬。多吃慢走勤换地，晚出早归防霜草。顶风出牧顺风归，吃好饮足运动好。要想越冬保住膘，晚出早归夜加草。肉羊膘满胎儿壮，安全越冬最重要。

2. 舍饲育肥

舍饲育肥是肉羊进行强度短期育肥的主要方法，也是农区利用农作物秸秆发展养羊业的主要生产模式，其优点是可对肉羊进行精心的饲养管理，避免不良生态环境的影响，有利于对育肥羊群区别生理阶段、生产水平进行饲养管理，在舍饲的饲养条件下，可参照饲养标准，科学地搭配饲料，进行增重目标管理，提高饲料报酬、日增重和肉羊的胴体品质。其缺点是一次性建造羊舍的投资较大，饲草、饲料的费用较高，且舍饲羊群选择饲料源有限，通常是养殖场（户）喂什么，羊群吃什么，尤其是在冬春季节，如果不注意青绿多汁饲料和精饲料的补喂，则往往容易导致羊群出现营养缺乏症。因此，养殖场（户）实施肉羊舍饲育肥，第一必须有目的地建立饲料基地，并贮备足够的草料。可种植长短结合的玉米、黑麦草、苜蓿等青绿饲料和胡萝卜、南瓜等多汁饲料，并有计划地晒制青干草和贮备农作物秸秆（如麦秸、稻草、花生秧等)，用农作物秸秆制作氨化（微贮）饲料供给肉羊饲喂，用玉米秸等制作青贮饲料以补充青绿饲料的饲喂不足。第二要调整好羊群结构。可根据不同年龄和不同生理状况的羊合理组群饲喂，并搞好羊群的驱虫、健胃和防疫等工作。第三是对舍饲育肥羊实行科学的养殖。对舍饲育肥羊的饲料营养的调制与供给，不仅要考虑羊对饲料的数量需求，还应考虑饲料的质量需求；不仅要考虑饲料的适口性，还应考虑当地的饲料资源条件。养殖场（户）应尽可能降低饲料成本，提高饲料的转化率。除羔羊外，所有羊的日粮中粗饲料应达到60%~80%，其中优质青干草应占粗饲料的50%左右，可供羊群自由采食，青贮饲料的供给量可占粗饲料的30%左右，适当地补喂青饲料，并按羊群的饲养标准配合混合精饲料给予补喂，同时还应注意矿物质饲料添加剂的有效补充。第四是对舍饲育肥羊的饲料组成应保持相对的稳定。如更换饲料种类，应逐渐添新减旧，以便羊群有一个逐渐适应的过程，同时舍饲育肥羊的饲喂顺序、饲喂时间、饲料种类和饲喂饲料的数量均应保持相对的稳定，并做到少喂勤添，以使羊群保持较高的食欲，以提高育肥效果，并有效地减少饲料的浪费。

3. 半舍饲半放牧育肥

半舍饲半放牧育肥是指在牧草生长旺盛的季节，实行白天放牧，早晚给肉羊补饲干草和混合精饲料，枯草季节实行舍饲饲养。肉羊实行半舍饲半放牧的育肥方式，既可以节约饲养成本，又可以对肉羊实行全价饲料饲养，从而有利于提高育肥肉羊的日增重和胴体品质。因此是一种较好的肉羊育肥方式。

二、根据生长阶段育肥

肉羊的生长阶段是从受精卵开始，到生长停止的整个生命过程，根据其肉羊不同生长发育阶段的特点，可将肉羊的生长阶段划分为胎生期、哺乳期、育成期、育肥期、成熟期和生长停止期。由于其肉羊的育肥方式和屠宰时期的不同，有育肥 3~4 月龄进行屠宰的小肥羔生产，有育肥 6 月龄左右的肥羔生产，也有育肥 10 月龄左右的青年羊育肥，以及不同性别的理想育肥、普通育肥和老年羊育肥。

三、根据饲料类型育肥

根据育肥肉羊的饲养类型可将肉羊育肥划分为液态型、精饲料型、粗饲料型和精粗混合型四种育肥方式。

1. 液态型

欧美一些发达国家利用乳汁或人工液体饲料饲养初生至 4 月龄前后的羔羊，在此期间，利用瘤胃沟反射，直接将液体饲料投放到真胃和小肠，不饲喂饲草和精饲料，生产所谓的“白色羊肉”。这种羊肉肉质细嫩，芳香多汁，是一种价格昂贵的羊肉（其价格是普通羊肉的 3~4 倍）。

2. 精饲料型

即大量地利用谷物类精饲料育肥肉羊，其饲料的精粗比达到 7：3 以上。这种育肥方式多见于肉羊的强度育肥期。该育肥方式多见于日本以及欧美一些谷物生产过剩和价格低廉的发达国家。这种育肥方式可使肉羊的生长发育加快，日增重提高，且肉羊育肥的肉品品质好，但该种育肥方式耗费精饲料过多，饲养成本高，且易引起育肥羊发生瘤胃积食和瘤胃酸中毒。

3. 粗饲料型

即大量地利用青粗饲料育肥肉羊。该种育肥方式常见于我国地方品种肉羊的育肥饲养。近年来，我国在农区大力推广农作物秸秆氨化、微贮或青贮处理技术，有效地提高了农作物秸秆的营养价值，也对肉羊育肥取得了较好的育肥效果。

4. 精粗混合型

即在肉羊的育肥过程中，前期充分地利用青、粗饲料喂养，为育肥肉羊打好基础，后期则利用大量的精饲料对肉羊进行短期育肥，这种前粗后精的育肥方式是我国大部分养殖场（户）所采用的方法，该方法比较符合于反刍动物肉羊的生理要求，也比较经济实用，且育肥肉羊的肉品品质也较好。

四、根据营养水平育肥

根据育肥肉羊的饲养营养水平可将肉羊育肥划分为高营养型饲料育肥、中营养型饲料育肥和低营养型饲料育肥三种育肥方式。

1. 高营养型饲料育肥

即在肉羊强度育肥期间，采用高能量、高蛋白质的高营养水平饲料，日粮组成多以精饲料为主，肉羊在强度育肥期间其精饲料提供的营养物质占整个育肥期间的70%左右。

2. 中营养型饲料育肥

即在肉羊的半放牧半舍饲育肥期间，采用放牧加补饲的中营养水平饲养，一般肉羊在育肥期间的精饲料补饲量占肉羊体重的1%左右。

3. 低营养型饲料育肥

在我国的一些肉羊地方品种和肉用改良品种（早熟品种）的饲养过程中，常采用的一种育肥方式。这种育肥方式主要是大量地利用青粗饲料和农作物秸秆育肥肉羊，且推行农作物秸秆氨化、微贮或青贮处理后饲喂肉羊，在肉羊的育肥过程中，基本不饲喂精饲料或很少使用精饲料。这种肉羊育肥方式虽然饲养成本低，但肉羊增重缓慢，育肥期长，且育肥肉羊的肉品品质也较差。

五、根据体重大小育肥

不同体重的肉羊，其所需的营养物质也不尽相同。根据其饲养标准，科学地配合全价日粮进行育肥，是一种比较科学的肉羊饲养方式。

六、根据日增重育肥

处于不同生理阶段的肉羊，其日增重强度亦不尽相同。根据不同生理阶段肉羊的生长和发育的强度，在维持肉羊饲养的基础上，提供肉羊日增重的营养需要，进行日增重目标饲养，也是一种比较科学的肉羊饲养方式。

七、根据季节育肥

我国地域辽阔，南北地区气温相差较大。牧草的生长与枯萎在南北地区均呈现出规律性的变化。因此在不同的季节，对肉羊应采用不同的育肥饲养方式。如在酷热的夏秋季节需要注意肉羊的防暑降温，肉羊可实行露天散养为主；而在寒冷的冬春季节，则需要注意肉羊的防寒保暖，肉羊可实行暖棚或舍饲饲养为主。除此之外，肉羊的日粮组成也有所不同。

八、根据系养方式育肥

根据肉羊的系养方式不同，可将肉羊育肥划分为单槽育肥、群饲育肥和拴系育肥三种方式。有条件的养殖场（户）可提倡肉羊单槽饲养和拴系饲养育肥，这两种方式可避免因肉羊个体之间的大小、强弱而发生争食抢斗，有利于提高肉羊的日增重。

九、根据光照强弱育肥

根据肉羊育肥时期的光照强弱，可将肉羊的育肥划分为暗室育肥、弱光育肥和强光育肥三种方式。强光可刺激肉羊的生长激素和甲状腺素的分泌，从而有利于肉羊的肌肉和骨骼的生长。因此，肉羊在育肥前期，则提倡多晒太阳。肉羊进入育肥后期以后，则提倡暗室和弱光饲养，这样可减弱光照对肉羊机体甲状腺等内分泌的刺激，减少激素分泌，有利于肉羊肌肉中脂肪的渗入，形成“大理石”花纹，从而有利于提高育肥羊的肉品质。

第四节　羔羊育肥

羔羊育肥常可分为羔羊早期育肥和羔羊断奶后育肥。一般羔羊出生后一岁内，完全是乳齿的羊育肥屠宰后的肉称为羔羊肉；羔羊断奶前早期育肥屠宰的羔羊肉称为乳羔肉；羔羊断奶后转入育肥，体重在 32 kg 左右的 4~6 月龄屠宰的羔羊肉称为肥羔肉。

一、羔羊的生产特点

1. 生长发育快

一般羔羊 7 周龄时，其胃肠功能基本健全并能像成年羊一样有效地利用饲料。两月龄前日增重可达到 180~230 g，2~10 月龄日增重可达到 100~150 g。育肥羔羊的饲料转化率可达到（3~4）：1，而成年羊的饲料转化率则一般为（6~8）：1。

2. 对植物性蛋白质的利用效率高

一般羔羊对植物性蛋白质的利用效率比成年羊要高出 0.5~1 倍。

3. 生产肉产品的成本低

羔羊育肥的生产周期短，产品率高，成本相对较低。羔羊育肥当年屠宰上市，加快了羊群周转，缩短了生产周期，提高了肉羊的出栏率和出肉率。

4. 肉品品质好

羔羊肉瘦肉含量高，脂肪含量少，胆固醇含量低，肉质鲜嫩多汁，膻味小，营养丰富，味道鲜美，易被人体消化吸收，在国内外市场上畅销，且价格比成年羊肉高出 30%~50%。

5. 肉、毛、皮均可兼备

6~9 月龄羔羊生产的毛、皮价格相对较高，既在生产肥羔的同时，又可生产优质的毛、皮。

二、生长期羔羊的营养需要

羔羊从出生到周岁，肌肉、骨骼和各器官组织的发育较快，需要沉积大量的蛋白质和矿物质，羔羊断奶后到 8 月龄，也是生长发育较快的阶段，对营养物质的需要量较高。

1. 蛋白质的需要

在羔羊的不同生理阶段，蛋白质和脂肪的沉积是不一样的。例如，肉羊的体重在 10 kg 左右时，其蛋白质的沉积量可占增重的 35%左右；体重在 50~60 kg 时，其蛋白质的沉积量占增重的比例下降到 10%左右，脂肪沉积的比例明显上升。在羔羊的育成前期（8 月龄以前），增重速度较快，每千克增重的饲料报酬高、成本低。育成后期（8 月龄以后）羊的生长发育仍未结束，对营养水平要求较高，日粮中的粗蛋白质水平应保持在14%~16%（日采食可消化蛋白质135~160 g）。育成期以后（1.5岁左右）羊体重的变化幅度不大，随季节、草料、妊娠和产羔等不同情况有一定的增减，并主要表现为体脂的沉积或消耗。

2. 能量的需要

生长期羔羊所需要的能量主要用于维持生命、组织器官的生长及机体脂肪和蛋白质的沉积。饲喂试验表明，羔羊每增重1 g体重约需消化能40 kJ，每增重1 g蛋白质约需消化能48 kJ，每沉积1 g脂肪约需消化能81 kJ。但能量必须与其他营养物质（如可消化蛋白质）保持一定的比例，才能使各种营养物质有效地吸收和利用。因此，在配合生长期羔羊不同能量水平的日粮时，不仅要考虑组成日粮的各种饲料原料的数量，还应考虑不同营养物质的比例和利用的有效性，这样配制的饲料才会经济合理，满足肉羊生长的需要。

3. 维生素的需要

处于生长期的羔羊同样需要足够的碳水化合物和维生素。在通常情况下，羊不会缺乏碳水化合物和水溶性维生素。瘤胃功能健全的羊，瘤胃微生物能合成机体本身需要的水溶性维生素和维生素K，但不能合成维生素A、维生素D和维生素E，这类维生素必须由饲料中供给。如果在肉羊的饲料中供应量不足，就会表现出相应的缺乏症。对于瘤胃功能尚不健全的羔羊，由于机体自身不能通过瘤胃微生物合成维生素，必须从饲料中供应所有的维生素，以满足生长发育的需要。

对于运动量小，日粮中低质秸秆类饲料比例较高的舍饲肉羊，在阴雨连绵的季节，则很容易导致肉羊出现维生素D缺乏症。在这种情况下，则应考虑在饲料中添加维生素D制剂。

饲料中缺乏维生素E可能造成羔羊骨骼肌营养不良，导致白肌病和肌肉萎缩，还会由于心肌变性而出现心力衰竭，引起羔羊突然死亡。一般青绿饲料和优质的青干草含有丰富的维生素E，如苜蓿干草中维生素E的含量达到102 mg/kg，谷物籽实特别是种子的胚芽中也含有较多的维生素E。因此，夏秋肉羊放牧季节则不需要添加维生素E，在冬春季节肉羊的舍饲期或放牧不足，且缺乏优质青干草或青贮饲料的供应，应考虑添加维生素E，而规模化的饲养羊场则更应予以重视。

4. 矿物质的需要

对生长期羔羊，必需的矿物质元素均不可缺少，从缺乏危害程度、添加量以及饲料平衡等因素考虑，钙、磷元素相对于其他矿物质元素则更为重要。生长期羔羊在肌肉和脂肪增长的同时，骨骼也迅速地生长发育，其骨骼和牙齿中的钙和磷占机体矿物质总量的70%左右。因此，生长期羔羊对钙和磷的需要量较大，其次是铁、铜、锌、锰、硒和碘，北方地区还应注意钴元素的补充。

三、羔羊的早期育肥

1. 哺乳羔羊的育肥

羔羊出生10日龄左右，即可从中挑选出体格较大的公羔作为育肥对象开始补饲育肥。为了提高羔羊早期育肥效果，可将羔羊母子同时加强补饲，但必须要求哺乳母羊的母性好，泌乳量高。母羊在哺乳期饲喂足够量的优质豆科青干草，每天补饲0.8 kg左右的精饲料；羔羊每天补饲精饲料两次，其精饲料应以玉米为主，适当地搭配豆饼或炒黄豆、食盐、维生素和矿物质添加剂。有条件的养殖场（户）最好将精饲料制成颗粒饲料给羔羊补饲，每次给羔羊的饲喂量以20 min左右吃完为宜。另外供给羔羊优质的青干草（如苜蓿青干草），让羔羊自由采食，如干草品质不佳时，则应在日粮中添加50~100 g的蛋白质补充饲料。羔羊育肥到3月龄左右时，达到屠宰体重（约30 kg）即可出栏上市，如早期育肥的羔羊体重不达标，断奶后则可转入一般羊群中继续饲养。

2. 早期断奶羔羊的育肥

羔羊在45~60日龄断奶，采用全价料育肥，一般育肥期为50~60 d，到120~150日龄时，育肥体重达到30 kg左右即可出栏上市。早期断奶羔羊育肥，可以填补夏季羊肉供应淡季的空缺，缓解市场羊肉的供需矛盾。

早期断奶的羔羊通常在断奶前半个月左右实行隔栏补饲或在早、晚将羔羊与母羊分开2~4 h，让羔羊在一个专门的补饲区域活动，区域内放置饲料槽和饮水器，其余时间仍然让羔羊与母羊同群，经过半个月左右的补饲适应期后，羔羊即可与母羊完全隔离并进入育肥期。育肥期的羔羊供给优质的青干草和青贮饲料，并补喂全价颗粒饲料，其补喂饲料的主要成分为玉米（可占80%左右），豆饼或炒黄豆（占19%左右），同时添加0.5%~1%的食盐和矿物质添加剂。

四、肥羔生产

肥羔生产是指羔羊2~3月龄断奶，经过90~150 d的育肥，于6~8月龄达到屠宰体重时即可出栏上市。肥羔肉品质较佳，是烤羊肉和涮羊肉的理想原料。

1. 肥羔育肥前的准备

养殖场（户）确立肥羔育肥后，一是应对羔羊的身体状况进行全面的健康检查，待确定无病后方可进行育肥；二是应按羔羊的月龄和体重组群。如不同月龄、不同体重的羔羊组群，就会因羔羊的大小、强弱不均，采食量不一致，不利于提高羔羊育肥的整体效果，因此，在肥羔育肥生产中，最好采用母羊同期发情处理技术，使繁殖母羊能集中发情、集中配种、分批集中产羔，以便于羔羊的集约化育肥，分批供应市场；三是应及时对育肥羔羊群进行驱虫、药浴、防疫、去势和健胃；四是进行称重，以便于与育肥结束时的体重进行比较，检验其育肥效果；五是搞好羔羊转群后的管理。羔羊断奶后离开母羊和原来的生活环境，转移到新的环境和饲养管理条件时，势必会产生较大的应激反应。因此，羔羊进入育肥场后的头 2～3 周内，应尽可能创造与羔羊断奶前相似的饲养管理条件，减少人为的干扰，并让其得到充分的休息，供给充足而清洁的饮水。如羔羊在进入育肥场之前，已做好了相关的准备，则可有效地减少应激反应，降低其损失率。

2. 肥羔的育肥方式

无论任何品种的羔羊均可进行育肥，生产优质羊肉。但由于其不同品种间代谢类型和生活习性的差别，一般乳用品种羔羊在育肥期间较肉用品种羔羊的营养需要高出 10%～20%，才能得到相同的日增重。其初生羔羊可以采用跟随母羊哺乳或人工哺乳的方法进行饲养，5～6 周龄以后，随着母羊泌乳量的逐渐减少，而羔羊生长发育所需要的营养物质逐渐增加，养殖场（户）应注意对羔羊尽早引料并进行适当地补喂优质的饲草，以满足羔羊生长发育的营养需要。而在规模养殖场采用人工哺乳的羔羊，可在羔羊 1 周龄左右即可离开母羊，并转入羔羊舍进行饲养。一般初生羔羊 15 d 内其体重可增加 1 倍左右，因此，羔羊对营养物质的需要量要求很大，在这段时间内若能保证羔羊的营养需要，则羔羊断奶后的育肥速度将会加快。在母羊泌乳量较高时，其羔羊的日增重可达到 200～400 g，比母羊泌乳量不足的同龄羔羊的增重多 80%左右，8～12 周龄阶段的羔羊，随着其羔羊消化机能的不断发育和完善，而母羊泌乳量不断下降，给羔羊补饲则成为保证羔羊迅速生长发育的重要条件。为了便于给羔羊补饲，羔羊应从两周龄开始，训练其采食精饲料和青绿多汁饲料，1 月龄左右开始正式利用精饲料、优质的青贮饲料、豆科牧草、青干草、胡萝卜以及矿物质饲料等，其饲喂的数量应由少到多逐渐增加。肉用品种的羔羊在断奶前（2~3 月龄）的饲喂方法与其他品种的羔羊基本相同，均是要保证使羔羊生长发育充分，机体抵抗力增强，只有这样，才能使羔羊在转入育肥期之后，生长发育正常，发生疾病的概率降低。

羔羊断奶后即可转入放牧育肥期。一般在北方地区，冬春季节出生的羔羊断奶时正值 5—6 月，野草、灌木开始萌发，此期可对羔羊开始实施放牧育肥，但在对羔羊初牧育肥的一段时间内应特别注意对羔羊的补饲，一般对早春放牧育肥的羔羊应多补饲蛋白质饲料和干物质含量较高的饲料，以满足此阶段羔羊生长发育迅速的营养需要。补饲羔羊配合精饲料的配方可推荐如下。配方一：玉米 59%、麸皮 10.9%、豆粕 10.9%、菜籽饼 7.2%、苜蓿粉 9%、磷酸氢钙 1%、食盐 1%、微量元素添加剂 1%；配方二：玉米 60%、麸皮 10%、豆粕 10%、棉籽饼 8%、大麦（粉碎或压扁）4%、米糠 5%、磷酸氢钙 1%、食盐 1%、微量元素添加剂 1%；配方三：玉米 83%、豆粕 15%、石灰石粉 1.4%、食盐 0.5%、微量元素添加剂和多维 0.1%，另外，每千克配合精饲料中添加硫酸锌 150 mg、硫酸钴 5 mg、硫酸钾 1 mg、氧化镁 200 mg、硫酸锰 80 mg、维生素 A1 000 IU、维生素 D1 000 IU、维生素 E 20 IU；配方四：玉米 62%、麸皮 12%、豆粕 8%、棉籽饼 12%、石粉 1.8%、磷酸氢钙 1.2%、尿素 1%、食盐 1%、预混料 1%。放牧育肥的羔羊应注意保证充足的饮水供应和矿物质添加剂的补饲，并及时在补饲的饲料或饮水中添加食盐，其补饲量以每天每只补喂 6~10 g 为宜，有条件的养殖场（户）可购买矿物质盐砖给羔羊进行补饲，其效果更好。羔羊放牧育肥期一般为 3~6 个月不等，各养殖场（户）可依据当地的牧草生长情况、气候状况等因素而适度掌握。但无论羔羊育肥期长短，均应在秋末冬初适时上市或屠宰，以防止入冬后育肥羔羊掉膘。羔羊在育肥期内气温条件适宜，只要有充足的营养供应，实施羔羊的强度育肥，就可以达到预期的育肥效果，大型肉羊品种的羔羊两月龄前日增重可达到 180~230 g，2~10 月龄日增重可达到 100~150 g，羔羊在育肥时，应防止任意驱赶羊群和随意增加羔羊的活动量，以尽可能减少营养的消耗。在天气炎热季节，羔羊育肥在白天早牧或晚上夜牧之后，应尽可能使羊群保持安静，并选择合适乘凉的羊舍和较为凉爽停留的地点，让羊群安静地休息。若无放牧条件的可采用羔羊舍饲强度育肥。

第五节　成年羊育肥

养殖场（户）用于育肥的成年羊往往是淘汰羊、老残羊，而这类羊一般年龄较大，产肉率低，肉质差，经过短期育肥后，不仅可使肌肉之间的脂肪含量增加，而且可使皮下脂肪增多，肉质变嫩，风味也有所改善，经济价值大大地提高。

一、成年羊育肥期的营养需要

一般成年羊已停止了生长发育，要对成年羊进行育肥，增加其脂肪的沉积，就需要供给羊大量的能量物质，其他的营养物质只是用来维持羊的生命活动以及恢复肌肉等组织器官，使之处于最佳状态。因此，成年羊育肥营养物质需要中，除能量物质外，其他营养成分可略低于羔羊。一般品种的成年羊在育肥时，达到相同增重的能量物质需要量应高于肉用品种的10%左右。强化成年羊育肥，使其能够在较短的时间内获得较高的日增重，从而降低其单位增重的饲料和劳动力的消耗。成年羊在育肥过程中，其肉的品质发生了很大的变化，随着成年羊育肥膘情的改善，羊肉中的水分相对地减少，脂肪含量相对增加，而蛋白质含量相对地下降。对成年羊不同育肥阶段的肌肉和脂肪含量变化的比较研究分析，成年羊增重的部分几乎都是脂肪。

形成羊体脂肪的原料是来自饲料中的碳水化合物、脂肪和蛋白质等。饲料中的不饱和脂肪酸，经瘤胃微生物作用变成饱和脂肪酸，再经吸收可直接沉积在羊体脂肪组织中。饲料中的无氮浸出物、粗纤维等碳水化合物，经瘤胃和盲肠中的微生物分解，产生挥发性低级脂肪酸，并在羊体内形成体脂肪，是成年羊增加体脂的主要来源。饲料中的蛋白质是形成羊体脂的次要原料。因此，保证成年羊育肥期间充足而丰富的含碳水化合物饲料的供应十分重要。

二、舍饲育肥

舍饲肥育，即在舍饲饲养条件下，根据肉羊生长发育规律，按饲养标准配制日粮（精饲料用量占整个日粮的45%~60%），充分利用农作物秸秆、干草及农副产品，集中2~3个月供给羊只充足的营养物质，完全在舍内喂、饮、运动的一种育肥方式。采取舍饲育肥，饲料的投入相对较高，但羊的增重快，胴体大，出栏早，经济效益高，便于按照市场的需要进行规模化、集约化、工厂化的肉羊生产。采用这种育肥方法，在育肥期间肉羊增重较快，出栏育肥羊的活重较放牧育肥和混合育肥羊提高10%~20%。在市场需要的情况下，可确保育肥羊在30~60 d迅速达到上市标准。此法适合在放牧地少的地区或饲料资源丰富的农区使用。

1. 育肥准备

（1）制定肥育的进度和强度计划

肉羊的品种、来源、大小和体况不同，生长发育规律差别很大，应制定相应的肥育进度和强度计划，采取不同的肥育方案区别对待。对羔羊进行育肥时，一般细毛及其杂种羔羊在 8~8.5 月龄结束，半细毛羊在 7~8 月龄结束，肉用羔羊在 6~7 月龄结束，专门用于肥羔生产的杂交羔羊在 5~6 月龄结束。成年羊育肥应根据羊的体况和脂肪沉积状况而定，一般育肥时间不超过 3 个月。

（2）选择合适的饲养标准配合日粮

根据羊的品种、个体大小及体况等，参照相应的羊育肥需要营养标准配制日粮，育肥全期应保证不轻易变更饲料。目前常用的混合饲料比单一精饲料育肥效果好，并且各种饲料的配合比例因育肥羊类型不同而异。一般舍饲育肥的日粮以混合精饲料含量为 45%、粗饲料和其他饲料含量为 55% 的配比较为合适。如果要求育肥强度更大，混合精饲料的含量最高可增加到 60%，以免因过量采食精饲料引起肠毒血症，或钙磷比例失调引起尿结石症等。育肥羊舍饲时的饲喂次数取决于日粮组成，白天应以精饲料和多汁料为主，夜晚则饲喂粗饲料。

（3）组织好肥育羊群

羊肉有羔羊肉和大羊肉之分，肥育羊也有羔羊和大羊之分，在这两类羊中，除了年龄不同之外，还有性别和品种的差别。为了使各类羊的肥育均能获得较好的效果和较高效益，在肥育前，应先将其按年龄和性别分群，如果品种性能差别较大，还应将不同品种的羊分开。

（4）储备充足的饲草饲料

饲草和饲料是羊育肥的基础。应按育肥生产方案储备充足的草料，以满足育肥需求，避免由于草料准备不足经常更换草料，影响育肥效果。舍饲育肥时，在整个育肥期每只羊每天要准备青干草 1 kg 左右，或青贮饲料 2 kg 左右，精饲料每天 0.5~1.0 kg。

（5）加强管理

育肥羊在育肥之前，应根据情况做好断尾、去势、驱虫、药浴、防疫注射、修蹄及羊舍和设备的清洁消毒等一般管理工作，以确保羊只健康，育肥工作能够顺利进行。

2. 舍饲育肥技术要点

整个肥育期可分为预饲期（15 d）、正式肥育期（30~50 d）和出栏期三个阶段。预饲期的主要任务是让羊只适应新的环境，适应饲料和饲养方式的转变，并完成健康检查、注射疫苗、驱虫、分群等生产操作。预饲期应以粗饲料为主，适当搭配精饲料，并逐步将精饲料的比例提高到 40%。正式肥育期时，精饲料的比例可提高到 60%，其中玉米、大麦、燕麦等籽实类能量饲料可占 80%左右。

（1）利用肉用品种或杂交品种

任何品种的绵羊、山羊都可以育肥作肉用，但不同品种类型产肉性能和育肥性能有很大差别。优良肉用绵羊、山羊品种共同特点是早熟、生长快、饲料报酬高、繁殖力强、胴体品质好、产肉量多。我国各地都有适合本地自然条件、抗逆性强、耐粗饲的优良地方品种，但这些品种往往存在生长速度慢、生产性能低下的缺点。因此，利用地方品种和引入良种杂交，既利用了杂种优势，也保存了当地品种的优良特性。这种育肥羊有良好的增重潜力，饲料报酬高。

（2）科学搭配日粮

育肥羊日粮中的粗饲料应占 40%～60%，即使到育肥后期，也不应低于 30%，或粗纤维含量不低于 8%～10%。在上述饲料条件下，应设法改善粗饲料品质，日粮中的精饲料或粗饲料应多样化，增加适口性，提高羊对干物质的采食量。不同品种的羊，育肥期内对营养物质的需要量是有差异的。如果要想得到相同的日增重，非肉用品种所需要的营养物质高于肉用品种。不同生长阶段的羊，育肥期所需要的营养水平也不同，羔羊增重的主要部分为肌肉、内脏和骨骼，所以饲料中蛋白质的含量应该高些；成年羊在育肥期增重部分主要为脂肪，饲料中蛋白质含量可以低些，能量则应高些。由于增重成分不同，每单位增重所需的营养物质以羔羊最少，成年羊最高。

（3）创造适宜的环境

环境温度对育肥羊的营养需要和增重影响也较大。平均温度低于 7℃时，羊体产热量增加，采食量也增加，但由于低温增加热能散失量，使饲料的增重效率随之降低。低温环境育肥肉羊只有相应增加营养水平，才能维持较高的日增重，若空气湿度高并有大风天气，更会加剧低温对羊的不利影响。气温高于 32℃时，羊的呼吸和体温随气温而增高，采食量减少，温度过高时食欲下降甚至停食，严重时会中暑死亡。另外，保持安静环境和减少羊只活动，可以使营养物质的消耗减少，从而提高育肥效果。

（4）合理使用育肥添加剂

羊的育肥添加剂包括营养性添加剂和非营养性添加剂，其功能是补充或平衡饲料营养成分，提高饲料适口性和利用率，促进羊的生长发育，改善代谢功能，预防疾病，防止饲料在贮存期间质量下降，改进畜产品品质、提高生产性能等。正确使用饲料添加剂，可提高羊育肥的经济效益。

①非蛋白氮　非蛋白质含氮物质包括蛋白质分解的中间产物——氮、酰胺、氨基酸，还有尿素、缩二脲和一些胺盐等，其中最常用的是尿素。非蛋白质含氮物质可为瘤胃微生物提供合成蛋白质的氮源。由于这类添加剂含氮量高，如尿素含氮量为47%，若全部被瘤胃微生物利用，1 kg 尿素相当于2. 8 kg 粗蛋白质的营养价值或7 kg 豆饼蛋白质的营养价值。因此，用尿素等非蛋白质物质代替部分蛋白质饲料，既能促进羊只快速生长，又可降低饲料成本。

尿素的用量一般不超过日粮粗蛋白质的1/3，或不超过日粮干物质的1%，或按羊体重的0. 02%~0. 03%（每10 kg 体重日喂尿素2~3 g）饲喂。尿素不能单独饲喂，也不能空腹喂给，通常与精饲料（玉米）拌匀后饲喂，每天分2~3次投给，开始喂量要少，经5~7 d 的过渡期再转入正常喂量。

②矿物质与微量元素　矿物质、微量元素是育肥羊不可缺少的营养物质，可以调节机体能量、蛋白质和脂肪的代谢，提高羊的采食量，促进营养物质的消化利用，刺激生长，调节体内酸碱平衡等。羊体内缺少某些矿物元素时将会出现代谢病、贫血、消化道疾病等，造成生长力下降。

矿物质、微量元素的添加量应按照羊的营养需要添加，可将微量元素制成预混料，均匀混于精饲料中饲喂。或将矿物质、微量元素制成盐砖，让羊自由舔食。还可以选用稀土、膨润土等添加剂，稀土是元素周期表中钇、钪等17种元素的总称，可作为一种饲料添加剂用于育肥羊，具有良好的饲喂效果和较高的经济效益。一般作为饲料添加剂的稀土类型有硝酸盐稀土、氯化钙稀土、维生素C稀土。膨润土是一种有层状结晶构造的含水铝硅酸盐矿物质，含有动物生长所必需的铁、磷、钾、铝、铜、锌、锰、钴、钼、钛和钒等20余种元素，对有害毒物、肠道中的病菌有吸附作用，有利于机体的健康，可提高羊的生产性能。一般添加微量元素比不添加微量元素提高增重10%~20%。

③维生素添加剂　由于瘤胃微生物能够合成B族维生素和维生素K、维生素C，所以不必另外添加。日粮中应提供足够的维生素A、维生素D和维生素E，以满足育肥羊的需要。维生素添加按羊的营养需要，在饲料中维生素不足的情况下适量添加。添加过量，不但造成浪费，还可能造成中毒。如维生素A过量可表现食欲不振，皮肤发痒，关节肿疼，骨质增生，体重下降。维生素D过量，可引起血钙增高，骨质疏松。

④瘤胃素　瘤胃素又叫莫能菌素，是一种聚醚类离子载体类抗生素，其

主要作用是控制和提高瘤胃发酵效率。在消化道内几乎不能被吸收，因此一般不存在在组织中残留和向可食性畜产品转移的问题。在进行高精饲料肥育时应用瘤胃素能增加丙酸的产生，减少饲料中蛋白质在瘤胃中的降解，从而增加过瘤胃蛋白质的总量，增加净能及氮的利用率，进而提高增重速率和饲料转化率。

瘤胃素添加量一般为每千克日粮干物质中添加 25～30 mg。要均匀地混合在饲料中，最初喂量可少些，以后逐渐加至规定量。用瘤胃素喂舍饲育肥羊，日增重可提高 35%，饲料转化率可提高 27%，效果十分显著。

⑤缓冲剂　肉羊快速育肥必须供给较多的精饲料，但精饲料过量会形成过多的酸性产物，导致瘤胃酸度过高，pH 下降，使瘤胃微生物区系被抑制，降低饲料消化能力。为改善瘤胃发酵，增强食欲，防止酸中毒，提高饲料消化率，可在高精饲料日粮中适当添加缓冲剂。比较理想的缓冲剂是碳酸氢钠（小苏打）和氧化镁。碳酸氢钠的添加量一般占混合精饲料的 1%～1.5%，氧化镁的添加量占精饲料的 0.75%～1.0%。用时可采取逐渐增加喂量的方法，以免造成应激反应，使采食量下降。

⑥酶制剂　酶是活体细胞产生的具有特殊催化能力的蛋白质，是一种生物催化剂，对饲料养分消化起重要作用，可促进蛋白质、脂肪、淀粉和纤维素的水解，提高饲料利用率，促进动物生长。育肥羊常用酶制剂主要有纤维素酶、蛋白酶、脂肪酶、果胶酶、淀粉酶、植酸酶、尿素分解阻滞酶等。

⑦益生素　益生素是一种有取代或平衡胃肠道内微生态系统中一种或多种菌系作用的微生物制剂，如乳酸杆菌剂、双歧杆菌剂、枯草杆菌剂等，能激发自身菌种的增殖，改善动物肠道内微生物环境，抑制别种菌系的生产，能产生酶、合成 B 族维生素，提高机体免疫功能，促进食欲，减少胃肠道疾病的发病率，具有催肥作用。

三、混合育肥

混合育肥是放牧与补饲相结合的育肥方式，既能利用夏秋牧草生长旺季进行放牧育肥，又可利用各种农副产品及少许精饲料进行补饲或后期催肥。这种方式比单纯依靠放牧育肥效果要好，适合各地的肉羊育肥生产条件。放牧兼补饲的育肥可采用两种途径：一种是在整个育肥期，自始至终每天放牧并补饲一定数量的混合精饲料和其他饲料。要求前期以放牧为主，舍饲为辅，少量补料；后期以舍饲为主，多量补料，适当就近放牧采食。另一种是前期安排在牧草生长旺季全天放牧，后期进入秋末冬初后转入舍饲催肥，可依据饲养标准配合营养丰富的育肥日粮，强度育肥 30~40 d，出栏上市。我国肉羊生产中，常对一些老残羊和瘦弱羊在秋末集中 1~2 个月舍饲育肥，充分利用粮食加工副产品或少许精饲料补饲催肥，费用少，经济效益高。混合育肥可使育肥羊在整个育肥期内的增重比单纯依靠放牧育肥提高 50%左右，同时，屠宰后羊肉的味道也较好。

第五章　现代肉羊高效繁殖理论基础

第一节　种公羊生理特性

一、公羊的生殖器官与功能

公羊的生殖器官由性腺（睾丸）、输精管道（包括附睾、输精管和尿生殖道）、副性腺（包括精囊腺、前列腺和尿道球腺）、交配器官（包括阴茎和包皮）和阴囊等组成，具有精液产生、排出和交配功能。

1. 睾丸

正常雄性绵羊和山羊的睾丸成对存在，均为左、右稍扁的长椭圆形，正常繁殖季节绵羊两侧睾丸重 400~500 g，山羊约 300 g。睾丸的上端为血管、神经进出端，称为睾丸头，有附睾头附着；下端为睾丸尾，有附睾尾附着；睾丸实质分为许多锥形的睾丸小叶，每个睾丸小叶内有 2~3 条弯曲的曲细精管，管壁由基膜和多层上皮细胞组成，其中上皮细胞包括产生精子的生精细胞和支持、营养生精细胞的高柱状或圆锥状支持细胞（足细胞）两类。在胚胎时期，睾丸位于胎儿腹腔中；出生前后，睾丸和附睾一起经腹股沟管下降到阴囊中。如果一侧或两侧睾丸未下降到阴囊，分别称为单睾或隐睾，这种公羊生殖能力较弱或没有生殖能力，不能做种用。睾丸的功能如下。

（1）生精

性成熟公羊的生精细胞可依次分裂为精原细胞、初级精母细胞、次级精母细胞和精子细胞几个发育阶段，并最终形成精子，储存于附睾。公羊每克睾丸组织平均每天可产生精子2 400万~2 700万个。

（2）分泌雄激素

睾丸间质细胞分泌的雄激素具有促进公羊生殖器官的发育和精子的产生，

延长附睾内精子的寿命，激发第二性征、性欲及性行为等功能。

(3) 产生睾丸液

睾丸产生的大量睾丸液里含有较高浓度的钙离子、钠离子和少量的蛋白质成分，其主要作用是维持精子的生存和有助于精子向附睾头移动。

2. 附睾

附睾附着于睾丸边缘，呈两端粗、中间细的弯钩状，由头、体、尾3部分组成。睾丸生成的精子进入附睾后缺乏主动运动、借助附睾管内纤毛上皮的活动以及附睾管壁平滑肌的收缩作用，将精子由附睾头运送到附睾尾，最后进入输精管。附睾可分泌附睾液，含有许多睾丸液中所不存在的有机化合物，如甘油磷酰胆碱、三甲基羟基丁酰甜菜碱和精子表面的附着蛋白等物质，这些物质对维持精子的发育、促进精子成熟及保护精子等方面具有重要的作用。附睾的功能如下。

(1) 附睾是精子最后成熟的场所

睾丸曲细精管产生的精子，经曲细精管、睾丸网、睾丸输出小管到达附睾头时，并未发育成熟，尚无受精能力。精子必须在通过附睾体到达附睾尾的过程中（约2周时间），才能发育成形如蝌蚪、具有受精能力的精子。

(2) 附睾是贮存精子的部位

附睾内呈弱酸性（pH 值为 6.2~6.8），并且温度较低、渗透压较高，因此可抑制精子活动，减少能量消耗，从而为精子的长时间贮存创造了条件。研究发现，附睾尾贮存的精子占总数的68%，可达1 500亿个。精子在附睾中停留2个月仍有受精能力，若停留时间过长，则活力降低，乃至死亡。

3. 阴囊

它是由腹壁形成的囊袋，由外向内依次为阴囊皮肤、肉膜、精索外筋膜、睾外提肌、精索内筋膜和鞘膜（分壁层和脏层），精索内筋膜和鞘膜的壁层共同形成总鞘膜，总鞘膜折转而覆盖于睾丸和附睾上，成为固有鞘膜。总鞘膜与固有鞘膜之间的腔隙称鞘膜腔，内有少量浆液。鞘膜腔的上段细窄称鞘膜管，精索被包于其中。鞘膜管通过腹股沟管以鞘膜管口或鞘膜环与腹腔相通。当鞘膜管口较大时，小肠可脱入鞘膜管或鞘膜腔内，形成腹股沟疝或阴囊疝，须进行手术整复。

阴囊具有保护睾丸、附睾和调节温度等功能。阴囊的肉膜和睾外提肌在天冷时收缩，在天热时舒张，使阴囊的表面积缩小或扩大，调节睾丸与腹壁的距离，从而保持精子发育和生存的适宜温度，有利于精子的生成、发育和活动。

一般阴囊温度低于腹腔内温度，通常为34~36℃。

4. 输精管

输精管起自附睾管末端，从附睾尾后内侧沿睾丸附睾缘和附睾体向上行走，进入精索，经腹股沟管进入腹腔，然后向后上方进入骨盆腔，在膀胱背侧尿生殖褶中膨大形成输精管壶腹，后者壁内有壶腹腺，输精管壶腹末端变细，开口于尿生殖道起始部背侧壁。输精管的功能如下。

（1）输送精子

输精管是生殖道的一部分，具有发达的平滑肌纤维。射精时，在催产素和神经系统的支配下，输精管肌肉层发生规律性收缩，使得附睾尾部和输精管内贮存的精子进入尿生殖道。

（2）营养精子

输精管壶腹部的分泌物中含有柠檬酸、果糖，可对射精前的精子起到营养作用。

（3）分解、吸收精子

若公羊久不配种，精子就会衰老、死亡，输精管可分解和吸收这些精子。

5. 尿生殖道

尿生殖道以坐骨弓为界，分为位于骨盆腔内的骨盆部和在阴茎腹侧的阴茎部。骨盆部的尿生殖道壁上有副性腺及其导管的开口，而阴茎部的尿生殖道参与构成阴茎。尿生殖道管壁的肌层具有协助射精和排尿的作用。

6. 副性腺

副性腺包括精囊腺、前列腺和尿道球腺。射精时副性腺的分泌物与输精管壶腹的分泌物混合在一起称为精清，将来自输精管和附睾高密度的精子稀释，形成精液。副性腺的发育程度受性激素的直接影响，当公羊达到性成熟时，其形态和机能得到迅速发育；如幼龄去势，则副性腺发育不充分，若性成熟后摘去睾丸，副性腺将逐步萎缩。

（1）精囊腺

位于膀胱颈背侧的生殖褶中，输精管壶腹部外侧，贴于直肠腹侧面，成对存在。精囊腺的分泌物含有丰富的果糖，是精子代谢的主要能源物质。

（2）前列腺

山羊与绵羊的前列腺仅有扩散部，且为尿道肌包围，故外观上看不到。绵羊的前列腺位于尿生殖道背侧壁中，山羊的前列腺位于海绵体中，有许多导管开口于尿生殖道骨盆部的黏膜上。

(3) 尿道球腺

它又称考贝氏腺，有一对，呈球状，个体较小，位于尿生殖道后端背外侧。每个腺体以一条导管开口于尿生殖道内。尿道球腺分泌碱性水样液。

副性腺分泌物参与形成精液，并有稀释精子、为精子提供营养、刺激精子运动、冲洗尿道和帮助精子泳动等作用。羊射出的精液中，精清约占精液容量的 70%。

7. 阴茎与包皮

阴茎为雄性动物的交配器官，由阴茎海绵体和尿生殖道阴茎部构成，由后向前可分为阴茎根、阴茎体和阴茎头 3 部分。阴茎体在阴囊后方形成“S”状弯曲，勃起时伸直。阴茎头长而尖，游离端形成阴茎头帽，全长 30~35 cm。阴茎头前端有一细而长的尿道突，公绵羊的长 3~4 cm，弯曲成弓状，公山羊的较短而直，尿道外口位于尿道突顶端。

包皮为皮肤折转而成的管状鞘，其腔为包皮腔，内藏阴茎头。羊的包皮长而狭窄，周围有长毛。包皮具有容纳、保护阴茎头和配合交配等作用。

二、公羊繁殖性能及有关参数

1. 公羊初情期

公羊初情期是指其第一次能够释放出精子的时期。公羊初情期表现得迟早与其品种、营养等密切相关，一般在 4~6 月龄。小个体品种的初情期早于大个体的品种，山羊早于绵羊。

高营养水平饲养的公羊，生长发育较快，初情期较早，反之则较晚，而如果营养水平过高，公羊饲养过肥，虽然体重增长很快，但初情期反而延迟。

2. 公羊性成熟

公羊性成熟是指其第一次能够产生具有受精能力的精子的时期，是公羊具备生殖机能的标志，可视为羊从初情期起逐渐向体成熟过渡的个体发育阶段。此时公羊生殖器官已经发育完全，生殖机能达到比较成熟的阶段，具有了繁殖后代的能力。一般肉用绵羊、山羊公羊 6~10 月龄达性成熟，体重达到成年羊体重的 40%~60%。

性成熟出现的早晚，因品种不同而不同。生长迅速的品种（如汉普夏羊和萨福克羊）较生长缓慢的品种（如美利奴羊）的性成熟为早，培育品种一般早于原始品种，杂种羔的性成熟一般较其纯种双亲的平均性成熟为早。

3. 体成熟

一般公羊在 12~15 月龄达体成熟。从性成熟到体成熟须经过一定的时间，在这期间如果公羊长期生长发育受阻，必然延缓其达到体成熟的时期，对种用或非种用的公羊都会带来经济上的损失。

4. 初配适龄

公羊达到性成熟期，就开始具有繁殖能力，但由于其生殖机能还未完全成熟，此时进行交配对本身和后代的生长发育都不利，故不宜马上参与配种。一般来说，种公羊初配适龄应在性成熟的后期或更迟些，普遍是在 15~18 月龄时开始配种，此时其体重应达到成年公羊体重的 70%以上。早熟品种、饲养条件较好的公羊可以稍提前配种。为避免公羊早配和近亲交配，羔羊断奶以后，公、母羊要分开饲养。

5. 采精量

采精量是指健康公羊一次射出精液的容量。采精后将精液盛装在有刻度的试管或精液瓶中，可测出精液量的多少。羊的采精量一般是每只 0.8~1.2 mL。

6. 精子活力

精子活力也称为活率，指 37℃条件下，精液中前进运动精子数占总精子数的比率。

精子活力的表示方法有百分制和十级制 2 种，百分制是用百分率表示精子的活力，十级制是目前普遍采用的表示方法，是用 0、0.1、0.2、0.3……0.9，10 个数字表示精子的活力。0 表示精子全部死亡或精液中没有前进运动的精子，0.1 指大概有 10%的精子在前进运动，0.2 指大概有 20%的精子在前进运动，以此类推到 0.9。

注意：通常对精子活力的描述为做直线前进运动的精子，但实际上，无论从精子本身特点还是运动轨迹，是不可能按直线前进的，只不过是围绕较大半径在绕圈运动。

7. 精子密度

精子密度是指单位体积精液内所含有精子的数目。一般用显微镜和血细胞计数器来计数并计算。公羊精子密度一般为 20 亿~30 亿个/mL。

8. 自然交配公母比例

在群牧条件下，采用自然交配方法配种，羊群公、母羊比例要适当，以避免公羊交配过度。公母比例一般为 1∶（15~25），最高不要超过 1∶30。

9. 人工授精比例

人工授精比例指公羊一次射精量经过稀释后能够用于授精的母羊数量。公羊每次采精可配母羊 10~20 只，每年每只公羊可配母羊数在 700~1 000只。

10. 繁殖年限

公山羊繁殖年限比公绵羊长，一般可用到 8~9 岁，舍饲的山羊甚至可达 10~12 岁。但公羊繁殖最适宜的年龄是 3~6 岁，个别优秀种公羊的利用年限可以适当增加。

第二节　母羊生理特性

一、母羊的生殖器官与功能

母羊的生殖器官包括 3 部分：性腺（卵巢）、生殖道（包括输卵管、子宫、阴道）、外生殖器官（包括尿生殖道前庭阴唇、阴蒂），分别完成卵子的发生、排出和接受交配等功能。

1. 卵巢

羊卵巢位于腹腔内，又称为雌性生殖腺，成对存在，是产生卵细胞的实质性器官，同时能分泌雌激素，以促进生殖器官及乳腺的发育。

羊卵巢呈卵圆形或圆形，长 1.0~1.5 cm，宽、厚各 0.8~1 cm，被卵巢系膜悬吊在骨盆腔前口两侧附近。卵巢的表面常不平整，会同时存在正在发育的卵泡和卵泡续产物（红体、黄体和白体）等。卵巢的功能如下。

（1）维持卵泡发育和排卵

卵巢皮质部分布着许多原始卵泡，原始卵泡是由一个卵母细胞和周围一单层卵泡细胞构成。它经过次级卵泡、生长卵泡和成熟卵泡阶段，最终排出卵子。排卵后，在卵巢表面形成黄体。

（2）分泌雌激素和孕酮

在卵泡发育过程中，卵泡内膜可分泌雌激素，一定量的雌激素是导致母畜发情的直接因素。排卵后，在原排卵处形成黄体。黄体能分泌孕酮，它是维持怀孕所必需的激素之一。

2. 输卵管

输卵管是一对细长而弯曲的管道，是卵子进入子宫必经的通道，位于卵巢与子宫之间，长 14~15 cm。输卵管前端靠近卵巢处扩大成漏斗状，漏斗的边缘有许多不规则的皱褶，称为输卵管伞，羊输卵管伞面积为 6~10 cm，输卵管伞将卵巢排出的卵子收集，并进入输卵管。输卵管前 1/3 段较粗，称为输卵管壶腹部、为卵子受精场所。其余部分较细，称为输卵管峡部。输卵管壶腹部与峡部连接处叫作壶峡连接部。输卵管的后端（子宫端）有输卵管子宫口，与子宫角相通。由于羊的子宫角尖端较细，所以输卵管与子宫角之间无明显分界。输卵管的黏膜形成许多输卵管皱褶，其上衬以柱状纤毛细胞，有助于运送卵子通过输卵管。输卵管的功能如下。

（1）为精子提供受精的场所

从卵巢排出的卵子先到达输卵管伞，纤毛的活动将其运输到输卵管漏斗和输卵管壶腹部，卵子在此处受精。

（2）运送卵子

通过输卵管的分节蠕动和逆蠕动，黏膜和输卵管系膜的收缩，以及纤毛活动引起的液流活动，受精卵被运送通过输卵管峡部，最后进入子宫角。

（3）具有分泌功能

母羊发情时，输卵管上皮的分泌细胞在卵巢激素的影响下，能分泌大量液体，内含各种氨基酸、葡萄糖、乳酸、黏蛋白及黏多糖，它是精子、卵子及早期胚胎的培养液。输卵管及其分泌物的生理生化状况是精子及卵子正常运行的必要条件，也是受精卵正常发育及运行的必要条件。

3. 子宫

子宫为中空的肌质器官，富于伸展性，是胚胎生长发育的场所，以子宫阔韧带悬于腰下部和骨盆腔侧壁。子宫体基部之间有一纵隔，将二角分开，称为双分子宫。

子宫分为子宫角、子宫体和子宫颈 3 部分。母羊子宫角为一对，长 10~12 cm，两侧子宫角前部分开，向前下方偏外侧盘旋卷曲，并逐渐变细，与输卵管相接。两子宫角后端则汇合后延伸为子宫体。子宫体长约 2 cm，呈背腹略压扁的圆筒状，小部分位于腹腔，大部分位于骨盆腔。子宫内膜灰红色，成年后呈褐黄色。子宫体向后延伸为子宫颈，子宫颈管壁厚，中央有窄细的管道称为子宫颈管，长约 4 cm，呈圆筒状，位于骨盆腔内，前端接子宫体，后端通阴道。

子宫壁由内向外依次为黏膜、肌层和浆膜。黏膜又称为子宫内膜，内含大量的淋巴、血管和子宫腺，子宫腺的分泌物对早期胚胎有营养作用。子宫角和子宫体的黏膜呈灰红或蓝红色，除形成纵褶和横褶外，还具有特殊隆起，称为子宫阜。绵羊子宫阜为80~100个，山羊为160~180个。妊娠时，子宫阜特别大，顶端有凹窝，是胎膜与子宫壁相结合的部位。子宫壁肌层由两层平滑肌构成，外层薄，为纵行的肌肉；内层厚，为螺旋形的环状肌肉。肌层在怀孕时增生，其收缩在分娩过程中起着重要作用；子宫颈的环肌特别发达，是子宫的括约肌，分娩时开张。浆膜又称子宫外膜，被覆于子宫的表面。子宫的功能如下。

（1）为胚胎发育提供适宜场所

子宫是胎儿发育的理想场所。母羊怀孕时，子宫内膜的子宫阜形成母体胎盘，与胎儿胎盘结合成为胎儿和母体间交换营养和排泄物的器官。随着胎儿生长的要求，子宫可在大小、形态及位置上发生显著的变化。

（2）参与受精

母羊发情时，子宫颈能分泌大量的黏液，是交配的润滑剂。交配后，子宫可借其肌纤维有节律的强而有力的收缩作用而运送精液，使精子可能超越其本身的运行速率而通过子宫口进入输卵管。另外，子宫内膜的分泌物、渗出物及其进行糖、脂肪、蛋白质代谢的产物，可为精子获能提供良好的环境。

（3）直接参与胎儿的分娩

子宫壁肌层具有发达的环行肌，分娩时子宫能够以其强有力的阵缩而帮助胎儿排出。临近分娩时，子宫颈扩张，有利于胎儿的通过。

（4）诱导发情

在发情季节，若母畜未孕，在发情周期的一定时期，一侧子宫角内膜所分泌的前列腺素对同侧卵巢的周期黄体有溶解作用，以致黄体机能减退，垂体又大量分泌促卵泡素，引起卵泡发育成长、导致发情。

（5）优化受精精子质量

子宫颈黏膜所分泌的黏液可将一些精子导入子宫颈黏膜隐窝内，并过滤、剔除缺损和不活动的精子，所以它是优化精子质量、防止过多精子进入受精部位的屏障。

4. 阴道

阴道是母羊的交配器官和产道，长约8 cm，位于骨盆腔内，其背侧为直肠，腹侧为膀胱和尿道，前接子宫颈，后通尿生殖前庭。阴道壁由黏膜、肌织膜和外膜构成，黏膜呈粉红色，较厚，形成许多纵褶。在阴道前端，子宫颈阴道部的背侧，形成一个环形隐窝，称为阴道穹隆。

阴道除了是交配器官外，也是交配后的精子贮存库，精子在此处聚集和保存，并不断向子宫供应精子。阴道的生化和微生物环境能保护生殖道不遭受微生物入侵。阴道通过收缩、扩张、复原、分泌和吸收等，排出子宫黏膜及输卵管的分泌物，同时作为分娩时的产道。

5. 外生殖器官

（1）尿生殖道前庭

尿生殖道前庭既是交配器官和产道，也是排出尿液的道路，其黏膜深部有前庭腺，能分泌黏液，交配和分娩时分泌增多，有润滑作用，此外还含有吸引异性的气味物质。

（2）阴唇

阴唇位于肛门下方，分左右两片，构成阴门，又称外阴，两阴唇间的裂缝称为阴门裂。阴唇上下端的联合，分别称为阴唇背侧联合和阴唇腹侧联合。阴唇的外面是皮肤，内为黏膜，两者之间有阴门括约肌及大量结缔组织。

（3）阴蒂

在阴门腹侧联合的前方有一阴蒂窝，内有小而凸的阴蒂，与雄性动物的阴茎是同源器官，由海绵体构成。阴蒂具有丰富的感觉神经末梢，甚为敏感，若输精时给予适当的刺激，则有利于输精的顺利进行。

二、母羊的繁殖特性

1. 初情期与性成熟

（1）初情期

母羊幼龄时期的卵巢及性器官均处于未充分发育状态，卵巢内的卵泡在发育过程中多数萎缩闭锁，随着母羊的生长发育，当达到一定年龄和体重时，母羊发生第一次发情和排卵，即到了初情期。此时，母羊虽有发情表现，但生殖器官功能不完全，发情周期也往往不正常，其生殖器官仍在继续生长发育中。此后，垂体前叶产生大量促性腺激素释放到血液里，促进卵泡发育；同时，卵泡产生雌激素释放到血液中，刺激生殖道的生长发育。初情期是首次使繁殖成为可能的时间，以生殖细胞的释放为特征。发情的最初可见的信号并非总是伴随着排卵。初情期与性成熟有区别。羊的初情年龄和体重在品种间和品种内存在相当大的变异。在绵羊多胎品种中，母羊表现初情信号的月龄为其出生后的4~5个月；而在山羊多胎品种中，如马头山羊属早熟多胎品种，母羊初情期在3月龄左右。

（2）性成熟

母羊性成熟是一个延续的过程，没有一个截然的时间划分。随着初情期第一次发情和排卵，母羊生殖器官的体积和重量迅速增长，性机能也随之发育成熟。一般肉用绵（山）羊母羊在6~10月龄达性成熟，此时体重达成年母羊体重的40%~60%。母羊性成熟的时间同样受品种、气候、个体和饲养管理条件等因素的影响。早熟品种5~7月龄性成熟，晚熟品种8~10月龄达性成熟。母羊性成熟的年龄要比公羊稍早一些。山羊的性成熟早于绵羊。

2. 初配年龄、繁殖年限

（1）初配年龄

母羊达到性成熟时并不意味着可以配种，因为母羊此时身体并未达到充分发育的程度，如果这时进行配种，就会影响它本身和胚胎的生长发育。因此，公羔、母羔在2~4月龄断奶时，一定要分群管理，以免偷配。肉用绵（山）羊母羊的初配年龄一般在8~18月龄，其中早熟品种8~12月龄，晚熟品种12~18月龄。山羊的初配年龄早于绵羊。

初配年龄的确定，主要取决于体重发育状况，要求初配体重达成年母羊体重的70%以上。如果体重过小，即使达到初配年龄也不宜参加配种。有些农户为了早得利，配种过早，尤其在小尾寒羊产区，母羊5~7月龄就参加配种，早配导致羊群质量逐年下降。

（2）繁殖年限

羊的寿命一般为13~15年，但生产上母羊繁殖年限一般不超过7~8岁，个别有价值的羊可以利用到9岁，但繁殖最合适的年龄是3~6岁。羊的繁殖年限与饲养管理水平有很大关系。

3. 母羊的发情

母羊生长发育到一定年龄后，在垂体促性腺激素的作用下，卵巢上的卵泡发育并分泌雌激素，引起生殖器官和性行为的一系列变化，并产生性欲，这种生理状态称为发情。母羊发情时，生理和行为主要表现在以下几个方面。

（1）卵巢变化

母羊发情开始前，卵巢卵泡已开始生长，至发情前2~3 d卵泡发育迅速，卵泡液分泌不断增多，使卵泡容积更加增大，此时卵泡壁变薄并突出卵巢表面；到发情时卵泡已发育成熟，在激素的作用下促使卵泡壁破裂，致使卵子被挤压而排出。

（2）行为变化

母羊发情时，发育的卵泡分泌的雌激素与少量孕酮协同作用，刺激神经中枢，引起性兴奋，使母羊表现出兴奋不安，对周围外界的刺激反应敏感，常

“咩”叫，举尾弓背，频频排尿，食欲减退、放牧的母羊离群独自行走，喜主动寻找和接近公羊，愿意接受公羊交配，并摆动尾部，后肢叉开，后躯朝向公羊，当公羊追逐或爬跨时站立不动。泌乳母羊发情时，泌乳量下降，不照顾羔羊。

（3）生殖道变化

发情母羊外阴部充血、肿胀、松软，阴蒂充血勃起。阴道黏膜充血、潮红、湿润，并有黏液分泌。子宫颈较松弛，开张并充血肿胀，腺体分泌增多。发情初期黏液分泌量少且稀薄透明，中期黏液增多，末期黏液稠如胶状且量较少。

4. 产后发情

母羊产后再次发情的时间差别很大，常年繁殖的母羊由于繁殖季节性不严格，在产羔后 30~59 d（平均 35 d）就能再次发情配种，小尾寒羊在产后 20 d 就有发情的，而一些繁殖季节性要求比较严格的羊，每年只能繁殖一次，春季产羔后到秋季才能发情配种。

5. 返情

在配种后一定时期内（如配种后 1 个情期、2 个情期、3 个情期等）母羊再次出现发情，称为返情。配种后一定时期内返情母羊的数量越少，表明羊群的受胎效果越好。通过返情观察，出现返情的母羊及时配种，可有效提高母羊的繁殖力。

6. 发情周期

相邻两次发情的间隔时间为一个发情周期。绵羊的发情周期平均为 17 d，山羊的发情周期平均为 21 d。在母羊发情周期中，根据机体所发生的一系列生理变化，可分为 4 个阶段。

（1）发情前期

上一个发情周期所形成的黄体，进一步退化萎缩，卵巢上开始有新的卵泡生长发育，但母羊并不表现发情征兆，无性欲表现。

（2）发情期

它是母羊性欲达到高潮的时期，又叫发情持续期。此期卵泡发育很快并能达到成熟，母羊表现发情征兆。此期持续时间绵羊为 30 h 左右，山羊为 40 h 左右。多数羊是在发情期的末期排卵。

（3）发情后期

它是排卵后黄体开始形成的时期。母羊性欲减退，发情征兆逐渐消失，不再接受公羊交配。

(4) 间情期

它又称休情期，是黄体活动时期。此时母羊精神状态恢复正常，生殖器官的生理状态稳定。黄体继续发育增大，分泌大量黄体酮作用于子宫，使子宫黏膜增厚，如果卵子受精，母羊便开始妊娠，黄体转化为妊娠黄体来维持妊娠，发情周期自动终止；如果没有配种或配种后未受胎，黄体通常在排卵后维持12~14 d之后开始退化萎缩，增厚的子宫内膜回缩，卵巢有新的卵泡开始发育，又进入下一个发情周期的前期。

7. 发情鉴定

发情鉴定的目的是及时发现发情母羊，正确掌握配种或人工授精时间，防止误配、漏配，提高受配率。因此，要做好此项工作，饲养人员要有责任心，勤观察、多走动，掌握正确鉴定方法，通过发情鉴定，确定适配的配种时间，提高母羊受胎率。母羊的发情鉴定一般采用以下三种方法。

(1) 外部观察法

外部观察法是指观察母羊的精神状态、性行为表现及外阴部变化情况。母羊发情时，常常表现兴奋不安，对外界刺激反应敏感，食欲减退，有交配欲，主动接近公羊，在公羊追逐或爬跨时常站立不动，并强烈摆动尾部、频尿等，且外阴部分泌少量黏液。初配母羊发情不明显，要认真观察，不要错过配种时机。

(2) 阴道检查法

阴道检查法是指用开膣器辅助观察母羊阴道黏膜、分泌物和子宫颈口变化判断发情与否。若发情，则母羊阴道黏膜充血、红色、表面光亮湿润，有透明黏液流出；子宫颈口充血、松弛、开张，有黏液流出。进行阴道检查时，先将母羊固定好，外阴部清洗干净。开膣器清洗、消毒、烘干后，涂上灭菌的润滑剂或生理盐水湿润。操作人员左手横向持开膣器，闭合前端，慢慢插入，轻轻打开开膣器，通过反光镜或手电筒光线检查阴道变化，检查完后稍微合拢开膣器再抽出。

(3) 公羊试情法

公羊试情法是指用试情公羊鉴定母羊的发情。试情公羊即用来发现发情母羊的公羊，要选择身体健壮、性欲旺盛、无疾病、年龄2~5岁、生长性能较好、有性经验的公羊。为避免试情公羊偷配母羊，对试情公羊可系试情布，布长40 cm、宽35 cm，四角系上带子，每当试情时拴在试情羊腹下，使其无法直接交配。也可采用输精管结扎或阴茎移位手术。

试情公羊应单独喂养，加强饲养管理，远离母羊群，防止偷配。对试情公羊每隔 1 周应本交或排精一次，以刺激其性欲。试情应在每天清晨进行。试情公羊进入母羊群后，用鼻去嗅母羊，或用蹄子去挑逗母羊，甚至爬跨到母羊背上，母羊不动，不拒绝，或伸开后腿排尿，这样的母羊即为发情羊。发情羊应从羊群中挑出，做上记号。由于初配母羊对公羊有畏惧心理，当试情公羊追逐时，不像成年发情母羊那样主动接近。但只要试情公羊紧跟其后者，即为发情羊。试情时，公羊、母羊比例以 2：100 为宜。

8. 异常发情

母羊异常发情多见于初情期后、性成熟前及繁殖季节开始阶段，也有因营养不良、内分泌失调、疾病及环境温度突然变化等引起异常发情。常见有以下几种。

（1）安静发情

安静发情也称静默发情，由于雌激素分泌不足，发情时缺乏明显的发情表现，卵巢上卵泡发育成熟不排卵。

（2）短促发情

由于发育的卵泡迅速成熟并破裂排卵，也可能卵泡突然停止发育或发育受阻而缩短了发情期。如不注意观察，就极容易错过配种期。

（3）断续发情

母羊发情延续时间很长，且发情时断时续，发生于早春及营养不良的母羊。其原因是排卵功能不全，以致卵泡交替发育，先在某一侧卵巢内卵泡发育，产生雌激素使母羊发情；当卵泡发育到一定程度后萎缩退化，而另一侧卵巢又有卵泡发育，产生雌激素，母羊又出现发情，出现断续发情现象。调整饲养管理并加强营养，母羊可以恢复正常发情，就可能正常排卵，配种也可受孕。

（4）孕期发情

绵羊中有 3%左右怀孕中期的母羊有发情现象。其主要原因是激素分泌失调，怀孕黄体分泌孕酮不足，而胎盘分泌雌激素过多。母羊在怀孕早期发情，卵泡虽然发育，但不发生排卵。

三、母羊的排卵、受精、妊娠和分娩

1. 排卵

排卵是卵泡破裂排出卵子的过程。山羊和绵羊均属自发性排卵动物，即卵泡成熟后自行破裂排出卵子。羊一次发情时，两侧卵巢排卵的比率称为排卵率。羊的排卵率高低取决于发育未成熟卵细胞的数目，决定了母羊所怀胎儿的数量。一般而言，山羊的排卵率高于绵羊。影响排卵率的主要因素有遗传、体况、年龄、营养水平和季节。例如，同群内膘情好的母羊排卵多，膘情差的母羊排卵少，甚至不排卵。3~5 岁是母羊一生中排卵的最高峰时期，为母羊的最佳繁殖年龄。大多数母羊的排卵率从配种前一个月给予补饲高水平的日粮，有助于同期发情并增加排卵数，提高母羊的产羔率。绵羊的排卵时间在发情开始后的 20~39 h，山羊为发情后的 24~36 h。

2. 受精

受精系指雄性配子和雌性配子即精子和卵子相互结合形成合子的过程，在此过程中，精子和卵子经历一系列严格有序的形态、生理和生化方面的变化。

(1) 精子的运行

羊属于阴道射精型，精子在雌性生殖道（子宫或输卵管）内还要经历一段成熟过程来获能。母羊发情时，子宫颈黏膜上皮的非纤毛细胞分泌大量黏液，受精前，一部分活精子借自身的运动穿过黏液移入子宫。在射精部位，精子的数目是相当多的，但是深入输卵管内受精部位（输卵管壶腹部）却是极少数的，主要是由于精子从射精部位到达受精部位需要闯过 3 道关卡，经过 3 次筛选，第一道关卡为子宫颈，精子经过子宫颈时，大量的精子滞留在子宫颈隐窝的黏膜皱褶内，成为精子储存库之一；第二道关卡为宫管连接部；第三道关卡为输卵管壶腹部和峡部的连接部。

公羊精子从射精部位运行到壶腹部的时间为 2~30 min，公羊精子在母羊生殖道内具有受精能力的时间为 24~48 h。

(2) 卵子的运行

排卵时，输卵管伞充血、展开，并借助输卵管系膜肌层的收缩作用而紧贴于卵巢表面上，同时卵巢固有韧带收缩，使卵巢移至输卵管伞部表面，便于输卵管接纳排出的卵子。卵子不像精子那样本身具有运动能力，被输卵管伞接纳以后，借伞部的纤毛颤动，沿着伞部的纵行皱褶，通过漏斗口进入输卵管壶腹部。母羊的卵子到达壶腹部的时间为 6~12 h，维持受精能力的时间在 16~24 h。

3. 妊娠

母羊配种后 20 d 内不再表现发情，则可判断母羊已怀孕（妊娠）。妊娠是母羊特殊的生理过程，经过精卵结合形成胚胎，并在母体内发育的整个时期为妊娠期。母羊的妊娠期长短因品种、营养及单双羔因素有所变化，一般山羊妊娠期略长于绵羊。山羊妊娠期正常范围为 142~161 d，平均为 152 d；绵羊妊娠期正常范围为 146~157 d，平均为 150 d。

（1）体况变化

母羊妊娠初期变化不大，妊娠 2~3 个月时，胎儿形成，用手触摸下腹可摸到硬块，此时母羊营养消耗不多；在妊娠 4~5 个月时，即妊娠后期，胎儿生长发育迅速，母羊新陈代谢旺盛，食欲增强，消化能力提高，怀孕母羊体重明显上升；妊娠后期母羊腹部增大、毛色光润、膘肥体壮、性情温顺。

（2）妊娠诊断

①早期妊娠诊断

配种后的母羊应尽早进行妊娠诊断，能及时发现空怀母羊，以便采取补配措施。对已受孕的母羊加强饲养管理，避免流产。早期妊娠诊断有以下几种方法。

a. 表观症状观察，母羊受孕后，发情周期停止，不再表现有发情症状，性情变得较为温顺。同时，孕羊的采食量增加，毛色变得光亮润泽。

b. 触诊法，待检查母羊自然站立，然后用两只手以抬抱方式在腹壁前后滑动，抬抱的部位是乳房的前上方，用手触摸是否有胚胎包块。

c. 阴道检查法，妊娠母羊阴道黏膜的色泽、黏液的性状及子宫颈口形状均有一些变化。阴道黏膜：母羊怀孕后，阴道黏膜由空怀时的淡粉红色变为苍白色，但用开膣器打开阴道后，很短时间内即由白色又变成粉红色。阴道黏液：孕羊的阴道黏液呈透明状、量少、浓稠。相反，如果黏液量多、稀薄、颜色灰白的母羊为未孕。子宫颈：母羊怀孕后子宫颈紧闭，色泽苍白，并有浆糊状的黏块堵塞在子宫颈口，人们称之为“子宫栓”。

②免疫学诊断

怀孕母羊血液、组织中具有特异性抗原，用以制备的抗体血清与母羊细胞进行血球凝集反应，如母羊已怀孕，则红细胞会出现凝集现象。如果没有怀孕，加入抗体血清后红细胞不会发生凝集。此法可判定被检母羊是否怀孕。

③超声波探测法

超声波探测仪是一种先进的诊断仪器，检查方法是将待查母羊保定后，在腹下乳房前毛稀少的地方涂上凡士林或石蜡油，将超声波探测仪的探头对着骨盆入口方向探查。用超声波诊断羊早期妊娠的时间最好是配种 40 d 以后，这时诊断准确率较高。

4. 预产期计算

母羊妊娠后，为做好分娩前的准备工作，应准确推算产羔期，即预产期。羊的预产期可用公式推算，即配种月加5，配种日期数减2。

例1：某羊于2023年3月26日配种，它的预产期为（3+5）月=8月，（26−2）日=24日。

综上，该羊的预产日期是2023年8月24日。

例2：某羊于2023年10月9日配种，它的预产期为超过12月，可将分娩年份推迟1年，并将该年份减去12月，余数就是下一年预产月数。即［（10+5）−12］月=3月，（9−2）日=7日。

综上，该母羊的预产期是2024年3月7日。

5. 分娩

妊娠期满的母羊将子宫内的胎儿及其附属物排出体外的过程，称为产羔。做好母羊的分娩产羔工作，对于维护母羊健康，提高幼羔的成活率，促进羔羊的健康生长具有重要的作用。

一般根据母羊的配种记录，按妊娠期推测出母羊的预产期，对临产母羊加强饲养管理，并注意仔细观察，同时做好产羔前的准备。母羊分娩要做好以下几项工作：了解母羊分娩征兆、产羔准备、接产及产后母羊和羔羊的护理。

（1）分娩征兆

母羊在分娩前，机体的某些器官在组织学上发生显著的变化，母羊的全身行为也与平时不同，这些变化是为适应胎儿产出和新生羔羊哺乳的需要而做的生理准备。对这些变化的全面观察，往往可以大致预测分娩时间，以便做好助产准备。

（2）产羔准备

①产房准备

产房要求通风良好，地面干燥，温度维持在15～18℃，湿度低于50%。根据配种记录，在产前10 d左右将产房打扫干净，并用石灰水或来苏尔彻底消毒。

②饲草准备

干草最好选择富含豆科牧草和适口性强、易消化的杂拌干草；混合精饲料是营养比较全面的配合料或混合料；另外要准备一定数量的多汁块茎饲料和青贮饲料。

③用品准备

常用器械：注射器、剪刀、断尾钳、台秤、毛巾、脸盆及水桶等；消毒用品：消毒纱布、酒精、高锰酸钾等；必需药品：强心剂、镇静剂等；其他：工作服、产羔记录本等。

（3）接产

接产分为正常接产和难产助产。在母羊产羔过程中，接产人员的主要任务是监视分娩情况和护理初产羔羊，非必要时一般不要干扰，最好让其自行分娩，但有些母羊遇到产道狭小、双胎及分娩乏力的情况下，应积极助产。接产前要剪净临产母羊乳房周围和后肢内侧的羊毛，然后用温水洗净乳房；挤出几滴初乳，再将母羊的尾根、外阴部、肛门洗净，用1%来苏尔消毒。

①正常接产

一般情况下，经产比初产母羊产羔快，羊膜破裂10~30 min，羊羔便能顺利产出。正常羔羊一般是先露出两前肢，头部附于两前肢之上，随着母羊的努责，羔羊可自然产出。当母羊产出第一只羔羊后，仍有努责、阵痛表现，是产双羔的征候。

此时接产人员要仔细观察和认真检查，用手掌在母羊腹部前方适当用力向上推举，如是双羔，可触到一个硬而光滑的羔体，如果需要可实施助产。羔羊出生后，一般都自己扯断脐带，这时可用5%碘伏在扯断处消毒。先将羔羊口、鼻和耳骨黏液掏出擦净，以免误吞羊水，引起窒息或异物性肺炎。羔羊身上黏液，在接产人员擦拭同时，还要让母羊舔干，既可促进新生羔羊的血液循环，又有助于母羊认羔。母羊分娩后1~2 h，胎盘即会自然排出，应及时取走，防止被母羊吞食养成恶习。若产后3~4 h母羊胎衣仍未排出，应及时采取措施。

②难产助产

有些母羊骨盆狭窄，阴道过小，胎儿过大或母羊身体虚弱，子宫收缩无力或胎位不正等均会造成难产，均需要助产。具体方法是在母羊体躯后侧，用膝盖轻轻压其肋部，等羔羊的嘴端露出后，用手向前推动母羊会阴部，羔羊头部露出后，用一只手托住头部，另一只手握住前肢，随着母羊的努责向下方拉出胎儿。

羊膜破水30 min，如母羊努责无力，羔羊仍未产出时，应立即助产。助产人员应将手指甲剪短，磨光，消毒手臂，涂上润滑油，根据难产情况采取相应的处理方法。如胎位不正，先将胎儿露出部分送回阴道，将母羊后躯抬高，手入产道校正胎位，然后才能随母羊有节奏地努责，将胎儿拉出；如胎儿过大，可将羔羊两前肢后复数次拉出和送入，然后一手拉前肢，另一手扶头，随母羊努责缓慢向下方拉出。切忌用力过猛，或不根据努责节奏硬拉，以免拉伤阴道。

③假死羔羊的急救

羔羊产出后，如不呼吸，但发育正常，心脏仍跳动，称为假死。原因是羔羊吸入羊水，或分娩时间较长、子宫内缺氧等。要实施急救措施，急救方法如下。

先把羔羊呼吸道内的黏液和胎水清除掉，擦净鼻孔，向鼻孔吹气或进行人工呼吸。将羔羊放在前低后高地方仰卧，手握前肢，反复前后屈伸。或倒提起羔羊，用手轻拍胸部两侧。还可向羔羊鼻内喷烟，可刺激羔羊喘气。对冻僵的羔羊，应立即移入暖室进行温水浴，水温由38℃逐渐升至40℃，洗浴时将羔羊头露出水面，切忌呛水，水浴时间为20～30 min，如冻僵时间短，可使其复苏。

有的养殖者把救治“假死”羔羊的方法编成顺口溜：“两前肢，用手握，似拉锯，反复做，鼻腔里，喷喷烟，刺激羔，呼吸欢”。

6. 产后母羊和羔羊的护理

(1) 产后母羊的护理要点

产后母羊应注意保暖、防潮，避免风吹和感冒；保持安静，充足的光照，避免人为刺激，让母羊充分休息；产后不能饮冰水和冷水，要喝清洁的温水，可在温水中加少量的食盐；产后头3 d内应给予母羊质量好、容易消化的饲料饲草，且量不宜太多，尽量不喂精饲料，经3 d后饲料转变为正常；有些母羊产羔后，有努责而又不是双羔，要及时把母羊扶起，令其运动，防止子宫脱垂。

(2) 初生羔羊的护理要点

羔羊出生后，应尽快辅助羔羊吃上初乳。训练羔羊吃奶的方法是把羊奶挤在指尖上，然后将有乳汁的手指放在羔羊的嘴里让其吸吮，随后移动羔羊到母羊的乳头上，吮吸母乳；羔羊出生后立即放在母羊身边，母子亲和，羔羊强壮结实；瘦弱的羔羊或初产母羊、疾病母羊以及保姆性差的母羊，需要寄养羔羊或人工哺乳，羔羊送给保姆羊之前，将保姆羊的尿液或乳汁涂抹在待哺羔羊的身上，让保姆羊嗅闻，接着实行人工哺乳，慢慢地保姆羊就接受待哺羔羊吃奶了。如果人工哺乳用奶瓶时，喂奶角度不超过30℃，让羔羊自己吃，不要硬灌防止呛奶；羔羊出生后1～2 d内及时排出胎便，注意环境控制；对羔羊强化饲养，可以适量运动和放牧。

(3) 矫弃羔

有的初产母羊，患有恶癖，或因粗暴接产而造成不认自生羔羊，不仅不舔舐羔羊身上的黏液，还不给羔羊哺乳，甚至经常顶、撞、踩压羔羊。遇此情况应作如下处理。

①将羔羊身上黏液抹入母羊鼻端、嘴内，诱导母羊舔羔。如母羊还不舔羔，应尽快用干布或软草将羔羊身上擦干，扶助羔羊吃上初乳。以后，羔羊即可自然哺乳。

②把母羊和羔羊放入带隔离栏的固定小圈内，或将羔羊单放暖室、暖炕上，每隔 2~3 h 轰起母羊一次，强迫母羊给羔羊吃奶。经过一周时间，能促进母子相识与亲和，绝大多数弃羔母羊会认羔。

③对认羔母羊及时离开小圈，放入中圈饲养。少数仍不认羔，要继续留圈强制哺乳。

（4）护弱羔

①调教母羊护羔

挤其他健壮母羊的初乳喂羔羊。如母羊乳头过大，要人工扶持弱羔衔住乳头哺乳。有的母羊懒惰，要及时将其轰起给羔羊哺乳。弱羔生后最初几天，须留在室温恒定在 5~10℃ 的暖室，进行特殊护理，等弱羔能独立哺食母乳时，再放入母子小圈观察 3~5 d，直至羔羊健壮，再放入大群饲养。

②代哺或换哺

产双羔或 3~4 羔，母羊奶不足，强壮羔羊留在母亲身边正常哺乳，把弱羔找产单羔或找死去羔羊的母羊代哺，也可与强壮母羊对换羔羊哺乳。

③过哺

母羊闻嗅敏感，易拒绝授奶，过哺前一定要将母羊胎液或羊奶涂在过哺或换哺羔羊头部、尾部或周身，使其难以识别真伪，也可强制母羊哺乳羔羊。

（5）做好羔羊的饲养管理

注意畜舍的环境卫生及羔羊的个体卫生，减少疾病的发生，从而提高羔羊的繁殖成活率。

四、母羊繁殖性能评定指标

母羊繁殖性能高低主要由繁殖率来体现。在饲养环境条件较好的地区，如河南、山东、四川等中部省区，绵羊、山羊产羔率通常在 200%~300%，有望达到每年 2 胎或者 2 年 3 胎，但在西藏、内蒙古等地，因气候环境原因，绵羊、山羊产羔率多为 70%左右，且为 1 年 1 产。

小尾寒羊的繁殖率很高，繁殖率达到 270%，2 年可产 3 胎或年产 2 胎。山羊中，槐山羊、南江黄羊、马头山羊繁殖率高，繁殖率达到 300%左右，2

年可产 3 胎或年产 2 胎。绵山羊繁殖年限为 5~8 年。

羊的繁殖率是指本年度内出生断奶成活的羔羊数占上年度末存栏适繁母羊数的百分比。可以用下列公式表示：

繁殖率（%）= 本年度出生羔羊数/上年度末适繁母羊数×100

根据母羊繁殖过程的各个环节，繁殖率应该是受配率、受胎率、分娩率、产羔率和羊成活率 5 个方面内容的综合反映。因此繁殖率又可用下列公式表示：

繁殖率=受配率×受胎率×分娩率×产羔率×羔羊成活率

1. 受配率

受配率是指本年度内参加配种的母羊数占羊群内适繁母羊数的百分率。受配率主要反映羊群内适繁母羊发情配种的情况。

受配率（%）= 适繁母羊数/配种母羊数×100

2. 受胎率

受胎率是指妊娠母羊数占参加配种母羊数的百分率。在受胎率统计中又分为总受胎率、情期受胎率、第一情期受胎率和不返情率。

（1）总受胎率

总受胎率是指本年度末受胎母羊数占本年度内参加配种母羊数的百分比。其大小主要反映羊群质量和全年配种技术水平的高低。

总受胎率（%）= 本年度末受胎母羊数/本年度内参加配种母羊数×100

（2）情期受胎率

情期受胎率是指某一时段妊娠母羊头数占本期内参加配种母羊数的百分比。能及时反映羊群质量和配种水平，较快地发现羊群的繁殖问题。就同一群体而言，情期受胎率通常要低于总受胎率。

情期受胎率（%）= 妊娠母羊数/情期配种母羊数×100

情期受胎率又分为第一情期受胎率和总情期受胎率。

①第一情期受胎率是指第一情期配种的受胎母羊数占第一情期配种母羊数的百分比。

第一情期受胎率（%）= 第一情期受胎母羊数/第一情期配种母羊数×100

②总情期受胎率是指配种后最终妊娠母羊数占总配种母羊数（包括历次复配情况）的百分率。

总情期受胎率（%）= 最终妊娠母羊数/总配种母羊数×100

③不返情率是指在一定时间内，配种后再未出现发情的母羊数占本期内参

加配种母羊数的百分比。不返情率又可分为30 d、60 d、90 d和120 d不返情率。30~60 d的不返情率，一般大于实际受胎率7%左右。随着配种时间的延长，不返情率逐渐接近于实际受胎率。

某天不返情率（%）= 配种后某天未返情母羊数/配种母羊数×100

3. 分娩率

分娩率是指本年度内分娩母羊数占妊娠母羊数的百分比。其大小反映母羊妊娠质量的高低和保胎效果。

分娩率（%）= 分娩母羊数/妊娠母羊数×100

4. 产羔率

产羔率是指母羊的产羔（包括死胎）数占分娩母羊数的百分比。

产羔率（%）= 产出羔羊数/分娩母羊数×100

5. 羔羊成活率

羔羊成活率是指本年度内断奶成活的羔羊数占本年度产出活羔羊数的百分比。其大小反映羔羊的培育情况。

羔羊成活率（%）= 成活羔羊数/产出活羔羊数×100

第三节　提高肉羊繁殖率的措施

提高繁殖率是饲养管理中的重要环节，也是提高养羊效益的关键，采取技术让其多发情，缩短繁殖周期，掌握一胎多羔技术，才能获取最大的产出。在提高养羊繁殖效率上应遵循以下原则。

一、种畜合理利用原则

适时配种，而不是早期配种，最大限度地提高优秀种羊的利用率。

二、经济核算原则

不论采用哪一项技术，均要根据企业或羊场的经济承受能力和可能取得的效益而定。在技术方法、药品使用等方面均要进行经济核算。

三、综合原则

就是通盘考虑提高繁殖效率的技术问题，从饲养管理、提高羔羊成活率和羔羊培育等方面综合考虑，以取得更大的经济利益为目标。具体措施如下。

1. 加强选育、选配

（1）种公羊选择

从繁殖力高的母羊后代中选择公羊体型外貌标准、健壮，睾丸发育良好，雄性特征明显，并通过精液质量检查、后裔鉴定等措施发现和剔除不符合要求的公羊。

（2）母羊选择

从多胎母羊后代中选择优秀个体，并注意其泌乳、哺乳性能，也可根据家系选留多胎母羊。选择多羔公母羊留种。

双羔或多羔具有遗传性，在选留种公母羊时，其上代公母羊最好是从一胎双羔以上的后备羊群中所选出的。这些具有良好遗传基础的公母羊留作种用，能在饲养中充分发挥其遗传潜能，提高母羊一胎多羔的概率。

2. 加强种羊营养

加强种羊营养是提高繁殖率的重要措施。充足的营养使种羊有健康的体况和适度的膘情、公羊保持旺盛的性欲，配种时精液中精子数量多、活力强、受精能力高；母羊可以常年发情，配种妊娠后体质健壮胎儿发育良好，产后奶水充足，羔羊出生体重大，成活率也高，同时母羊产多羔的概率就会增加。因此，养羊无论放牧或舍饲，都必须喂给充足的混合精饲料。种公羊在非配种期要求每只日喂混合粗饲料 0.5~0.6 kg，配种期每只日喂混合精饲料 0.8~1.0 kg、粗饲料 1.7~1.8 kg；母羊每日喂混合精饲料 0.3~0.4 kg，妊娠母羊随妊娠天数的增加（尤其后期），还应逐渐增加精饲料给量。精饲料中必须含有足量的蛋白质、能量、维生素、微量元素和其他矿物质，并保证充足的饮水。青绿饲料对种羊尤其重要，因为青绿饲料可以弥补精粗饲料中营养的不足，对提高公羊的精子密度和活力，促进母羊体内卵子的发育成熟和多排卵，增加产多羔的概率，促进妊娠母羊体内胎儿的发育和成长，保证产出羔羊初生体重大、成活率高等都具有重要作用。

3. 提高羊群中青壮年母羊的比例

羊群中幼龄初配母羊和老、弱母羊繁殖力均不如壮年母羊。据统计，初产羊产羔少，母羊一生中以 3~4 岁时繁殖力最强，繁殖年限一般为 8 年。因此，为提高羊群的整体水平、合理调整羊群结构，应有计划地补充青年母羊、适当增加 3~4 岁母羊在羊群中的比例，及时发现并淘汰老、弱或繁殖力低下的母羊。

4. 做好母羊发情鉴定

(1) 外部观察法

直接观察母羊的行为、征状和生殖器官的变化来判断其是否发情，这是鉴定母羊是否发情最基本、最常用的方法。

(2) 阴道检查法

将羊用开膣器插入母羊阴道，检查生殖器官的变化，如阴道黏膜的颜色潮红充血、黏液增多、子宫颈松弛等可以判定母羊已发情。

(3) 公羊试情法

用公羊对母羊进行试情，根据母羊对公羊行为的反应，结合外部观察来判定母羊是否发情。试情公羊要求性欲旺盛、营养良好、健康无病，一般每100只母羊配备试情公羊2~3只。试情公羊需做输精管切断手术或戴试情布。试情布一般宽35 cm、长40 cm，在四角扎上带子，系在试情公羊腹部。然后把试情公羊放入母羊群，如果母羊已发情便会接受试情公羊的爬跨。

(4) “公羊瓶”试情法

公山羊的角基部与耳根之间，分泌一种性诱激素，可用毛巾用力揩擦后放入玻璃瓶中，这个玻璃瓶就是所谓的“公羊瓶”。试验者手持“公羊瓶”，利用毛巾上的性诱激素气味将发情母羊引诱出来。

通过发情鉴定，及时发现发情母羊和判定发情程度，并在母羊排卵受孕的最佳时期输精或交配，可提高羊群的配怀率。

5. 实行两次配种

母羊发情时，可实行双重配种或两次配种输精，可以提高母羊的准胎率，增加产双羔的概率，由于母羊发情时间短（一般30个小时左右)，排出的卵子生存时间也较短，而且有的母羊卵子成熟时间不一致，因此对母羊的一次交配或输精准胎的概率较低，且难以使较多的卵子参与受精。采用两次配种方法，可使母羊生殖道内经常保持具有受精能力的精子存在，增加受精机会。生产上常采用的方法是：对确认发情的母羊，在12 h及24 h后各配种输精一次，一般两次输精间隔10~12 h，可有效提高母羊的受胎率。

6. 羔羊早期断奶

羔羊适时提早断奶，缩短母羊哺乳时间可促使母羊提早发情，实现一年多产。早期断奶羔羊需要人为训练羔羊的采食能力，在羔羊10~15日龄时喂一些鲜嫩的青草、菜叶或细软易消化的干草、叶片，以刺激羔羊消化道消化机能的早期形成，及早向羔羊自主采食方向的过渡。为使羔羊尽早吃料，开始时可将玉米和豆面混合煮粥喂食或拌入水中让羔羊饮食，也可将炒过的精饲料盛在盆内，让羔羊自己去舔食，一般羔羊到二三十日后即可正常采食。羔羊在4月龄左右即可断奶，一年产两次羔羊的断奶可提早，但发育较差和计划留种用的羔羊可适当延长断奶时间。羊断奶前要加强饲喂管理，一般采取一次断奶法，对代哺式人工哺乳仔羊在10 d后逐渐断奶，断奶羊仍要精心饲养。

7. 多产羔技术

用一种能促进卵巢滤泡成熟和多排卵的物质，以一定剂量注射到母羊体内，通过激素调节，强化母羊性机能活动，促进母羊卵子的发育和成熟，从而排出较多卵子参与受精，达到一胎多羔的目的。据实验，注射孕马血清促性腺激素或注射双羔素、双胎素，对诱导母羊产多羔，都有一定的效果。

8. 其他繁殖技术控制

（1）发情控制

①激素处理　先对羔羊实行早期断奶，再用激素处理母羊10 d左右，停药后注射孕马血清促性腺激素（RMSG），即可引起发情和排卵。

②阴道海绵法　将浸有孕激素的海绵置于子宫颈口处，处理10~14 d，停药后注射孕马血清促性腺激素400~500 IU，经30 h左右即可开始发情，发情当天和次日各输精一次。

③前列腺激素法　将前列腺素在发情结束数日后向子宫内灌入或肌内注射，能在2~3 d内引起母羊发情。

（2）超数排卵

在母羊发情前4 d，肌内或皮下注射孕马血清促性腺激素600~1 100 IU，出现发性后即行配种，并在当日肌内或静脉注射人绒毛膜促性激素（HCG）500~750 IU，即可排出卵子。

（3）诱产双胎、多胎

①补饲催情法　在配种前一个月进行。

②采用双羔素或双胎素　有水剂和油剂两种，水剂制品于母羊配种前5周和前2周颈部皮下注射一次（每只1 mL）；油剂制品于配种前2周臀部肌内注射一次（每只2 mL）。

9. 繁殖计划的组织实施和技术落实

羊场制订繁殖计划，是养羊生产的一部分，也是最重要、最容易忽视的环节，包括以下内容。

（1）搞清适配母羊和参配公羊情况，合理安排配种时间。

（2）确定配种方式，采用本交还是人工授精等。

（3）制定选配方案或计划，将繁殖与育种及生产计划相结合。

（4）确定采用的繁殖技术（胚胎移植、频密繁殖、人工授精、同期发情等）。

（5）技术人员的安排与落实。

配种是养羊生产的开始，也是实施选育计划的开始，配种计划和选育方案只有通过配种才能得以实现。所以企业对于配种任务的落实应足够重视，严格按技术人员制定的选配计划执行。笔者见到部分企业对于选配计划并不重视，制定选配计划只是个形式，有的没有选配计划。由于缺乏长远考虑，将不合格的种公羊也用于配种，有些配种后不做记录或记录不严谨，这样生产的种羊质量很难保证，也必将制约育种和企业的长远发展。

10. 羊的正常繁殖生理指标

为了提高绵羊、山羊的繁殖率、出栏率和商品率，并有计划地安排好羊的产羔时期，以适应养羊业特别是肉羊产业迅猛发展的市场需要，直接生产者和技术指导人员必须对羊的正常繁殖生理方面的主要指标系统了解。现就生产中常遇的有关知识介绍如下，供参考。

（1）性成熟多为 5~7 月龄，早者 4~5 月龄（个别早熟山羊品种 3 个多月即发情）。

（2）体成熟母羊 1.5 岁左右，公羊 2 岁左右。早熟品种提前。

（3）发情周期绵羊多为 16~17 d（大范围 14~22 d），山羊多为 19~21 d（大范围 18~24 d）。

（4）发情持续期绵羊 30~36 h（大范围 27~50 h），山羊 39~40 h。

（5）排卵时间发情开始后 12~30 h。

（6）卵子排出后保持受精能力时间 15~24 h。

（7）精子到达母羊输卵管时间 5~6 h。

（8）精子在母羊生殖道存活时间都多为 24~48 h，最长 72 h。

（9）最适宜配种时间排卵前 5 h 左右（即发情开始半天内）。

（10）妊娠（怀孕）期平均 150 d（范围 145~154 d）。

（11）哺乳期一般 3.5~4 个月，可依生产需要和羔羊生长发育快慢而定。

（12）多胎性山羊一般多于绵羊。我国中、南部地区绵、山羊多胎性多于北方。

（13）发情季节因气候、营养条件和品种而异，分全年和季节性发情。一般营养条件较好的温暖地区多为全年发情；营养条件较差且不均衡的偏冷地区多为季节性发情。

（14）产羔季节以产冬羔（12 月至翌年元月）最好，次为春羔（2—3 月为早春羔，4—5 月为晚春羔）和秋羔（8—10 月）。

（15）产后第一次发情时间绵羊多在产后第 25～46 d，最早者在第 12 d 左右；山羊多在产后 10～14 d，而奶山羊较迟（第 30～45 d）。

（16）繁殖利用年限多为 6～8 年，以 2.5～5 岁繁殖利用性能最好。个别优良种公羊可利用到 10 岁左右。

第六章　现代肉羊配种及选育

第一节　肉羊配种方法

目前肉羊配种方法有三种：自然交配、人工辅助交配和人工授精。

一、自然交配

自然交配也称本交。即在配种季节，将公羊放入母羊群，混群饲养或放牧，公、母羊自由交配。这种方法简单省事，受胎率较高，适于分散的小群体。

缺点：公羊消耗太大，后代血统不明，易造成近交，无法确定预产期。可在非配种季节将公、母羊分开饲养，每一配种季节有计划地调换种公羊以克服上述缺点。

自然交配的公母比例以 1：（20~30）为宜。

二、人工辅助交配

使发情母羊有计划地与公羊交配。这种方法有利于提高公羊利用率，合理地选种选配，并能确知预产期。为确保受胎，也可重复交配或双重交配，即在一个情期内进行 2 次配种或两个公羊同时配种。

三、人工授精

即人借助采精工具或徒手将公羊精液采出，经品质检查、活力测定、稀释等处理后，再通过输精器将精液输入发情母羊生殖道内，以代替公、母羊自然交配而繁殖后代的一种技术，也是人类最早运用的先进繁殖技术。它对家畜的遗传改进作出了巨大的贡献，因为它为识别和运用高遗传价值的公畜提供了最好的方法。

精液的三种保存方法（新鲜精液、低温精液和冷冻精液）和授精的三种技术（阴道、子宫颈和子宫内）在绵山羊繁殖生产中的应用已有百余年。

人工授精的优点如下。

①提高优秀种公羊的利用率。

②减少母羊不孕，提高受胎率。

③便于发现生殖道疾病，防止疾病传播。

④减少种公羊饲养量，节约饲养成本。

⑤便于组织畜牧业生产，促进改良育种工作的开展。

第二节　肉羊选育

一、选种

选种就是把那些符合育种要求的个体，按不同的标准从羊群中挑选出来，组成新的群体再繁殖下一代，或者从别的羊群中选择那些符合要求的个体，加入现有的繁殖群体中再繁殖下一代的过程。

1. 选种的目的

选种的目的是经过多世代选择，提高羊群的整体生产水平，或把羊群育成一个新的类群或品种（品系）。绵羊、山羊的选种主要是对公羊，选择的主要性能多为有重要经济价值的数量性状和质量性状。如细毛羊的体重、剪毛量、毛品质、毛长度，绒山羊的产绒量、绒纤维长度、细度及的颜色等，肉羊的体重、产肉量、屠宰率、胴体重、生长速度和繁殖率等。

2. 选种的依据

选种主要根据体型外貌、生产性能、后代品质、血统四个方面，在对羊只进行个体鉴定的基础上进行。

（1）体型外貌

体型外貌在纯种繁育中非常重要，凡是不符合本品种特征的羊不能作为选种的对象。另外，体型和生产性能方面有直接的关系，也不能忽视。如果忽视体型，生产性能全靠实际的生产性能测定来完成，则需要较长时间。比如，产肉性能、繁殖性能的某些方面，可以通过体型选择来解决。

（2）生产性能

指体重、屠宰率、繁殖力、泌乳力、早熟性、产毛量、羔裘皮的品质等方面。羊的生产性能，可以通过遗传传给后代，因此选择生产性能好的种羊是选育的关键环节。但要在各个方面都优于其他品种是不可能的，应突出主要优点。

（3）后代品质

种羊本身具备的优良性能是选种的前提条件，但这仅仅是一个方面，更重要的是它的优良性能是不是传给了后代。优良性能不能传给后代的种羊，不能继续作为种用。同时在选种过程中，要不断地选留那些性能好的后代作为后备种羊。

（4）血统

血统即系谱，是选择种羊的重要依据，它不仅提供了种羊亲代的有关生产性能的资料，而且记载着羊只的血统来源，对正确地选择种羊很有帮助。

3. 选种方法

公羊的选种方法一般有四种。

（1）个体表型选种

就是根据羊的个体品质和性能来选择，主要通过看、查、测等方法。“看”主要是看羊的外部特征，要选择体型匀称、体况健康、没有缺陷、被毛颜色符合品种的特征、母羊乳房正常、公羊没有单睾和隐睾等。“查”是查羊的档案和历史资料，主要了解羊的年龄、初生重、繁殖能力、生产能力（产毛、产奶、日增重等）。“测”是测定羊的体重、身体各部的数量指标、毛的长度等。

（2）系谱选种

系谱记载了祖先的各项性能、血统等。选择时要重点看生产性能和性状的遗传稳定性和趋势，是代代增强还是减退，尤其是看上三代基因的稳定性。要选择遗传稳定、优点代代增加的个体。系谱也是将来选配的依据，因此在引进种羊的时候，要索取系谱资料。

（3）个体半同胞选种

就是通过查看被选羊同父异母的半同胞的表现性状来选种。由于优秀的公羊为了加大利用率，采用人工授精的较多，因此种羊的半同胞数量增加，很容易获取资料，同时这些数据更有代表性和比较性，是实用而且方便的选种方法。

（4）后代测定品质选种

是通过对被选羊的后代测定来对种羊进行选种，这个方法适合成龄羊，是最直接的选种方法，也是考证遗传稳定性最直接的方法。

二、选配

所谓选配，就是在选种的基础上，根据母羊的特点，为其选择恰当的公羊与之配种，以期获得理想的后代。因此，选配是选种工作的继续。在规模化的绵羊、山羊育种工作中，选配与选种是两个相互关系、不可分割的重要环节，是改良和提高羊群品质最基础的方法。

选配的作用在于巩固选种效果。通过正确的选配，使亲代的固有优良性状稳定传给下一代，把分散在双亲个体上的不同优良性状结合起来传给下一代，把细微的、不甚明显的优良性状累积起来传给下一代，对不良性状、缺陷性状给予削弱或淘汰。

1. 选配的原则

（1）要有明确的选配目的，如为了提高产肉量、改善肉的品质、提高产毛量、提高繁殖力等。

（2）选择亲和力好的公、母羊交配，如果通过原来的选配达到了预期的目的，获得了预期的效果，那么再次配种就应维持原来的方案，如若未能达到预期目的，也未获得预期效果，就证明原先相互交配的公、母羊亲和力不好，再次配种就必须改变方案。

（3）公羊的品质一定要高过母羊。

（4）母羊有某个缺陷，一定要选择在这方面优点突出的公羊选配。不使有相同或相反缺点的公、母羊交配。

（5）公母羊的血缘越远越好，不随意近交，特别是在直接从事商品肉羊生产的过程中一定要避免近交。

（6）过幼和过老的公母羊之间不配。

（7）搞好品质选配，因为只有这样，才既能使优秀公羊良好的品质得以巩固并提高，也能使欠佳母羊的不良品质在所生后代身上得到显著的改善。

（8）做好选配记录，发现选配中出现问题及时解决。

2. 选配的方法

（1）品质选配

公羊的品质一定是优秀的，但是母羊的品质差异很大，为了巩固或者发展某个优点，就选择这方面优点突出的母羊选配，也叫同质选配。如果要弥补或者纠正母羊的某些缺点，就选择在这个方面更加突出的公羊选配。这种选配方法也叫异质选配。

（2）亲缘选配

亲缘选配是指具有一定血缘关系的公母羊之间的选配方式，亲缘选配在生产和育种中经常遇到，有时候也是为了提纯某种性状的必要手段。但是亲缘选配可能会影响后代的生产性能。一般把选配双方到共同祖先的代数的总和不超过6代者，称为近交；超过6代的为远交。在亲缘选配过程中要及时淘汰品质差的后代，或者不留作种用。

（3）良种繁育体系建设

我国羊除了地方品种资源以外，改良羊按育种阶段基本上可以分为两类：一类是改良阶段，继续引入部分外来品种血统，或正在进行横交固定；另一类是育成阶段，品种已基本定型，进一步加强品种内的纯繁提高。目前我国大型羊场多数是自繁自养，很少在商品生产中形成杂种优势。

根据现阶段羊在生产现状及合作育种的优点，良种繁育体系应包括核心种羊场、种羊繁殖场和种羊生产场，并应考虑肉羊人工授精网的建立，扩大优秀种羊的使用面。良种繁育体系建设本着根据品种、羊数量分布及需要量大小设立。繁殖体系中经后裔测验、极少数优秀的母羊可进入核心种羊场。

为了改变这一情况，在育种技术上，可以考虑用血统较远而生产方向一致的系或品种进行杂交，以产生杂种优势。也可以搞地区性的联合育种，有计划地建系，例如每个育种场建立一个或两个系，做场间或系间杂交。

育种场的主要任务是：①根据个体或家庭成绩做纯种（系）选育；②根据系间正反交的结果做后裔测定；③为繁殖场提供杂种母羊和纯种公羊，或直接提供纯种公羊和母羊，由繁殖场做杂交。

繁殖场的任务是：①繁殖扩群，为商品场或专业户提供杂种母羊；②向育种场提供公羊后裔测定的结果。

商品场的任务是提供符合收购要求的产品。这一杂交繁育体系、无论是毛用、肉用、皮用、绒用的绵（山）羊都可参考使用，只要商品场的最终产品能符合市场需要。

（4）纯种繁育

纯种繁育是指在同一个品种内公母羊之间繁殖和选育的过程。其目的是获得品质优良、遗传性能稳定的品种或者品系。种羊的体型外貌、生产性能等指标符合标准，才可以进入核心群，这样可使优良基因在核心群富集，生产性能不断提高。为了加快育种进度，可以采用人工授精和超数排卵及胚胎移植等现代繁育新技术，建成金字塔形的繁育体系，使核心群内有常年保持生产性能处于领先水平的优良种公羊。核心群确立以后，进行封闭，开始进行选配，把不符合培育特点的后代及时淘汰，直到遗传性状稳定以后，才能确定为品系。

（5）地方优良品种保种

我国是世界上山羊品种资源最为丰富的国家，一批山羊地方品种品质优良又各具特色，如南江黄羊、马头山羊均是较好的品种。黄淮山羊所生产的“汉口路”板皮是服装革的重要原料。波尔山羊仅适宜改良部分以产肉为主且生长性能较差的品种，不能无目的盲目杂交，以免毁掉宝贵的种质资源。开展杂交改良以前，应先为地方品种划定保护区，建立核心群。

河南奶山羊属于优良的品种，是河南省引进萨能奶山羊与地方品种经过长期杂交选育而形成的品种。奶山羊在过去几十年的奶业发展中起着不可低估的作用，在未来的奶业发展中还将会受到重视。河南省又是我国奶山羊发展的适宜区。因此，要重视奶山羊的保种和选育，切记不能为了眼前利益大批地杂交奶山羊。

河南省鲁山县的牛腿山羊，属于个体大、产肉性能好的肉皮兼用山羊，适应于在山区饲养。但是，该品种的分布范围有限，数量不多。因此，建议不要随便引进外来品种进行杂交。

在山羊品种的中心产区，要做好品种资源的保护工作。划定保护区域，在保护区内，全面开展山羊的纯种繁育，禁止进行品种间杂交；禁止引进、饲养其他任何品种的种羊；禁止利用区外其他品种的公羊对区内的山羊进行自然交配或人工授精。建立健全以种羊场为龙头、乡镇示范场为骨干、种羊饲养户为依托的良种繁育体系。要制定选育标准、选育方案。

同时，地方山羊品种普遍选育程度不高；主要以产肉为主，肉皮兼用，但产肉性能欠佳；多数品种在品种内个体间体重及生产性能的差异都较大。一些地方品种还存在性能退化、纯种个体数量急剧减少、胡乱杂交等诸多问题。解决肉羊生产中的良种问题，一是引进；二是培育。由于世界上肉绵羊发展较肉山羊发展早和发展速度快，因此肉绵羊育种的许多经验可供借鉴。

第七章　现代肉羊场常见繁殖技术

第一节　肉羊人工授精技术

人工授精是用器械采集公羊精液，在体外经检查处理后，再用器械将一定量的精液输入发情母羊的生殖道的一定部位，用人工操作的方法代替自然交配的一种繁殖技术。人工授精技术是一项综合的繁殖技术，其技术操作流程如下：

采精→精液品质检查→精液稀释保存→精液运输→母羊发情鉴定→输精。

人工授精技术在提高公羊利用率，加快品种改良，降低饲养管理成本，防止各种疾病传播，提高受胎率和进行远距离交流、运输等方面有着重要价值。目前，羊的人工授精技术只是在个别羊场采用，依然以精液常温和低温保存为主，羊的冷冻精液人工授精技术虽然有个别羊场为了加速品种改良在应用，但因受胎率过低，未能像牛的冷冻精液人工授精技术一样广泛开展。

一、羊的采精

采精即利用器械收集公羊的精液。采精过程要保证以下 4 个方面：一是全量，能收集到公羊一次射精全部的精液量；二是原质，采集到的精液，品质不能发生改变；三是无损伤，采精过程不能造成公羊的损伤，也不能造成精子的损伤；四是简便，整个采精操作过程要求尽量简便。

1. 采精前准备

（1）采精场地（采精室）

采精场地要求宽敞、明亮、地面平整，安静，清洁，设有采精架、台羊、假台羊和精液操作室等必要设施。采精场地的基本结构包括采精室和实验室两部分。

羊采精室大小也因规模而定，实验室必须是可以封闭的建筑，羊场的采精室可以采用敞开棚舍。

（2）台羊

台羊有真台羊和假台羊两种。真台羊要求健康、温顺、卫生。假台羊要求设计合理、方便。羊的采精可以使用母羊作为台羊，也可以使用假台羊。真台羊可以人为保定，也可以使用保定架。

（3）假阴道的准备

羊的假阴道包括外壳、内胎、集精杯和附件。羊在采精前要将假阴道内胎清洗、消毒，集精杯在高温干燥箱中消毒，并安装好，外壳与内胎的夹层之间装上热水，在内胎的1/3～1/2涂上润滑剂，充气，测量内胎内的温度，38～40℃即可用于采精，安装好的假阴道一端应呈“Y”形或“X”形，其他形状均不能使用。

（4）公羊的准备

采精前诱导公羊的性欲到最佳状态；体况适中，防止过肥或过瘦；饲喂全价饲料；适当运动；定期检疫；定期清洗。

2. 假阴道法采精

羊从阴茎勃起到射精只有很短的时间，所以要求采精人员动作敏捷、准确。羊的采精操作规程如下。

（1）台羊的保定和消毒

将真台羊人为保定，抓住台羊的头部，不让其往前跑动。如用采精架保定，将真台羊牵入采精架内，将其颈部固定在采精架上。将真台羊的外阴及后躯用0.3%高锰酸钾水冲洗并擦干。

（2）公羊的消毒

将种公羊牵到采精室内，将公羊的生殖器官进行清洗消毒，尤其要将包皮部分清洗消毒。

（3）采精人员的准备

将种公羊牵到台羊旁，采精员应蹲在台羊的右后侧，手持假阴道，随时准备将假阴道固定在台羊的尻部。

（4）采精操作

当公羊阴茎伸出，跃上台羊后，采精员手持假阴道，迅速将假阴道筒口向下倾斜与公羊阴茎伸出方向成一直线，用左手在包皮开口的后方，掌心向上托住包皮（切不可用手抓握阴茎，否则会使阴茎缩回）。将阴茎拨向右侧导入假阴道内。

当公羊用力向前一冲后，即表示射精完毕。射精后，采精员同时使假阴道的集精杯一端略向下倾斜，以便精液流入集精杯中。

当公羊跳下时，假阴道应随阴茎导入假阴道随着阴茎后移，不要抽出。当阴茎由假阴道自行脱出后，立即将假阴道直立，筒口向上，并立即送至精液处理室内，放气后，取下精液杯，盖上盖子。

3. 电刺激法采精

电刺激采精是通过脉冲电流刺激生殖器引起公羊性兴奋并射精来达到采精目的。电刺激法模仿在自然射精过程中的神经和肌肉对各种由副交感神经、交感神经等神经纤维介导的不同化合物反应的生理学反射。通过刺激副交感神经或骨盆神经，交感神经或下腹部神经和外阴部的神经，就能导致阴茎勃起、精液释放和射精。羊的电刺激采精主要用于无法采用假阴道采精的情况下使用，电刺激采精器。

4. 注意事项

（1）采精频率

采精频率通常以每周计算。羊在春分之前最差，秋分时可达 7～20 次。每周 2 d 采精，当日采 2 次。采精频率主要根据精液品质与公羊的性功能状况而定。

（2）将精液尽快送到精液处理室

公羊第一次射精后，可休息 15 min 后进行第二次采精。采精前应更换新的集精杯，并重新调温、调压。最好准备两个假阴道，以用于第二次采精。采精后，让公羊略作休息，然后赶回羊舍。采集到的精液尽快送回实验室进行下一步的检查处理，以免精液品质受到影响。

（3）注意保温和防污染

保温主要有假阴道的保温和精液的保温两个方面。采精时假阴道内胎温度不能低于 40℃，如温度低于 40℃，则直接影响公羊的性欲，影响采精量和精液品质。在冬季采精时，注意采集精液的保温，防止对精子造成低温打击而影响精液品质。

防污染主要是防止精液被污染，采精时的精液污染源有假阴道、阴茎、采精室污物和尿道及粪便的污染，要确保不能有任何一方面的污染。

二、精液品质检查

精液品质检查的目的是鉴定精液品质的优劣，以便决定公羊配种负担能力，同时也能反映出公羊饲养管理的水平和生殖功能的状态，采精员的技术操作水平，并以此作为精液稀释、保存和运输效果的依据。

在人工授精技术中，我们要采集公羊的精液，并进行一系列的处理。那么，精液的质量必然要受到公羊本身的生精能力、健康状况，以及采集方法、处理方法的影响。因此，检查精液品质的优劣是人工授精技术中一个非常重要的技术环节。

根据检查的方法，精液品质检查的项目可分为直观检查项目和微观检查项目两类。根据检查项目，又可分为常规检查项目和定期检查项目两类。

直观检查项目包括射精量、色泽、气味、云雾状、pH 值和美蓝褪色试验等。微观检查项目包括精子活力、密度和畸形率。常规检查项目主要包括射精量、色泽、气味、云雾状、活力、密度和畸形率 7 项指标。定期检查项目包括 pH 值、精子死亡率、精子存活时间及生存指数、精子抗力等。

目前，在生产中，羊精液品质检查主要按常规检查项目进行检查。

1. 射精量

射精量指公羊每次射精的体积。以连续 3 次以上正常采集到的精液的平均值代表射精量，测定方法可用体积测量容器，如刻度试管或量筒，也可用电子秤称重近似代表体积。

（1）正常射精量

在繁殖季节，公羊射精量为 0.8～1.5 mL，平均 1.2 mL，在非繁殖季节，射精量在 1 mL 以内。

（2）射精量不正常及原因

射精量超出正常范围的均认为是射精量不正常，射精量不正常的原因：过少可能是由于采精过频、性功能衰退、睾丸炎、睾丸发育不良；过多可能是副性腺发炎、假阴道漏水、尿潴留、采精操作不熟练。

2. 精液颜色

羊的精液一般为白色或乳白色，在密度高时呈现浅黄色，总体颜色因精子浓度高低而异，乳白色程度越重，表示精子浓度越高。在不正常情况下，精液可能出现红色、绿色或褐色等。原因：淡红（暗红）色可能是副性腺或生殖道出血；绿色可能是副性腺或尿生殖道化脓；褐色可能是混有尿液；灰色可能是副性腺或尿生殖道感染，长时间没有采精。

3. 精液气味

羊精液一般无味或略有膻味，若有异味就属于不正常。正常精液的气味是无味或略有膻味；膻味过重可能是采精时未清洗包皮。不正常精液的气味：尿骚味由于混有尿液，而恶臭味（臭鸡蛋味）可能是尿生殖道有细菌感染。

4. 精液云雾状

精液云雾状指的是正常的羊精液因精子密度大而混浊不透明，肉眼观察时，由于精子运动而产生的上下翻滚的现象。

5. 精子活力

（1）精子活力

精子活力及表示方法详见第五章第一节。

（2）精子活力的测定方法

主要仪器设备：生物显微镜、显微镜恒温台、载玻片、盖玻片、生理盐水、滴管、移液器和精液。测定方法：估测法。

测定程序：载玻片预温→精液稀释→取样检查→镜检→活力估测→精子活力记录。

①载玻片预温。将恒温加热板放在载物台上，打开电源并调整控制温度至37℃，然后放上载玻片。

②精液稀释。将生理盐水与精液等温后，按 1∶10 稀释。例如，用移液器取精液 10 μL，再加 0.9%氯化钠注射液（生理盐水）100 μL 等温稀释。

③取样检查。取稀释后的精液 20～30 μL，放在预温后载玻片中间，盖上盖玻片。

④显微镜镜检。用 100 倍和 400 倍显微镜观察精子。

⑤精子活力估测。判断视野中前进运动精子所占的百分率。

观察一个视野中大体 10 个左右的精子，计数有几个前进运动精子，如有 7 个前进运动的精子，则精子活力为 0.7；如有 6 个前进运动的精子，则精子活力为 0.6，以此类推。至少观察 3 个视野，3 个视野估测精子活力的平均值为该份精子的活力。如 3 次估测的精子活力分别为 0.5、0.6、0.5，平均为 0.53，精子活力则评定为 0.5。

⑥精子活力记录。按十级制评分和记录。

（3）羊精子活力的要求

羊新鲜精液精子活力≥65%，才可以用于人工授精和冷冻精液制作。羊冷冻精液的精子活力≥30%，才可用于输精。

6. 精子密度

（1）精子密度的定义和表示

精子密度见第五章第一节，表示方法用个/mL 或亿个/mL。羊的精子密度范围一般为20亿~30亿个/mL，如果精子密度低于6亿个/mL，精液就不能用于人工授精和制作冷冻精液。

（2）精子密度的测定方法

目前，测定精子密度的方法常采用估测法和血细胞计数法。估测法是在显微镜下根据精子分布的稀稠程度，将精子密度粗略地分为“密”“中”“稀”3个级别。密表示精子数量多，精子间隔距离不到1个精子；中表示精子数量较多，精子与精子的间隔为1~2个精子；稀表示精子数量较少，精子与精子的间距为2个精子以上。但这种方法误差太大，不适合在生产中使用。这里主要介绍血细胞计数法测定精子密度。

①精子密度计数板（器）。精子计数室长宽各1 mm，面积1 mm^2，盖上盖玻片时，盖玻片和计数室的高度为0. 1 mm，计数室的总体积为0. 1 mm。计数室的构成由双线或三线组成25（5×5）个中方格；每个中方格内有16（4×4）个小方格；共计400个小方格。

②精液的稀释。将精液注入计数室前必须对精液进行稀释，以便于计数。稀释的比例根据公羊精液的密度范围确定。

稀释方法：用5~25 μL移液器和100~1 000 μL移液器，在小试管中进行不同比例的稀释。

稀释液：3%氯化钠溶液，用于杀死精子，便于计数。

先在试管中加入3%氯化钠溶液1 000 μL，直接加入原精液5 μL，充分混匀。

③显微镜准备。在计数室上盖上盖玻片，在显微镜400倍下，找出计数板上的方格，将方格调整到最清晰状态。

④精液注入计数室。取25 μL稀释后的精液，将移液器头放于盖玻片与计数板的接缝处，缓慢注入精液，使精液依靠毛细作用吸入计数室。

⑤精子计数。将计数板固定在显微镜的推进器内，用400倍找到计数室的第一个中方格。计数左上角至右下角5个中方格的总精子数，也可计数4个角和最中间5个中方格的总精子数。

计数以精子的头部为准，按照数上不数下，数左不数右的原则进行计数格线上的精子。

⑥精液密度计算。

精液密度=5个中方格总精子数×5×10×1 000×稀释倍数

例如，羊精液通过计数，5个中方格总精子数为200个，则精液密度=200×5×10×1 000×201=20. 1亿个/mL。

7. 精子畸形率

（1）精子畸形率的定义和表示方法

精液中形态不正常的精子称为畸形精子，精子畸形率是指精液中畸形精子数占总精子数的百分比，对精子畸形率也用百分比（%）来表示。畸形率对受精率有着重要影响，如果精液中含有大量畸形精子，则受精能力就会降低。

畸形精子各种各样，大体可分为3类。头部畸形：顶体异常、头部瘦小、细长、缺损、双头等。颈部畸形：膨大、纤细、带有原生质滴、双颈等。尾部畸形：纤细、弯曲、曲折、带有原生质滴等。

（2）精子畸形率的测定方法

精子畸形率的测定通常采用是对精子进行染色，然后在显微镜下进行观察。

①染液，精液染色可选用的染液有巴氏染液、酒精龙胆紫染液（0.5 g 龙胆紫用20 mL 酒精助溶，加水至100 mL，过滤至试剂瓶中备用）、红色或纯蓝墨水、瑞氏染液等。

②抹片，用微量移液器取原精液5 μL 至试管中，再取0.9%氯化钠溶液200 μL 混合均匀。左手食指和拇指向上捏住载玻片两端，使载玻片处于水平状态，取10 μL 稀释后的精液滴至载玻片右端。右手拿一载玻片或盖玻片，使其与左手拿的载玻片呈45°角，并使其接触面在精液滴的左侧。将载玻片向右拉至精液刚好进入两载玻片形成的角缝中，然后平稳地向左推至左边（不得再向回拉）。抹片后，使其自然风干。

③固定，在抹片上滴95%酒精数滴，固定4~5 min 后，甩去多余的酒精。

④染色，将载玻片在用玻璃棒制成的片架上，滴上0.5%龙胆紫染液或纯蓝或红墨水5~10滴，染色5 min。

⑤冲洗，用洗瓶或自来水轻轻冲去染色液，甩去水分晾干。

⑥计数，载玻片放在400倍的显微镜下进行观察，共记录若干个视野200个左右的精子。

⑦计算

畸形率（%）= 计数的畸形精子总数/总精子数×100

（3）羊精液畸形率的要求

羊新鲜精液畸形率≤15%才可以使用；冷冻精液解冻后畸形率≤20%才能用于人工授精。

8. 注意事项

第一，羊新鲜精液精子活力≥65%，才可以用于人工授精和冷冻精液制作；羊冷冻精液的活力≥30%才可用于输精。羊新鲜精液畸形率≤15%才可以使用；冷冻精液解冻后畸形率≤20%才能用于人工授精。

第二，精液采集后，为防止未经稀释的精液死亡，应立即将精液稀释，稀释液按 1∶3 配制，然后再检查精子活力和密度。

三、精液稀释液配制和精液稀释

精液稀释是向精液中加入适宜于精子存活的稀释液。其目的有两个：一是扩大精液容量，从而增加母羊的输精头数，提高公羊利用率；二是延长精子的保存时间及受精能力，便于精液的运输、使精液得以充分利用。

1. 精液稀释液

（1）精液稀释液的成分和作用

精液稀释液是将糖类、奶类、卵黄、化学物质、抗生素及酶类等物质，按一定数量或比例配合后制得的溶液。精液稀释液与精液混合后，能延长精子在体外的生存时间或在冷冻过程中保护精子免受冻害，提高冷冻后精子的活力。

（2）精液稀释液的种类

根据精液保存温度的不同，精液稀释液分为常温保存稀释液、低温保存稀释液和冷冻保存稀释液。常温保存稀释液适用于精液的常温保存；低温保存稀释液用于精液的低温保存；冷冻保存稀释液用于羊冷冻精液的保存。

（3）精液稀释液的配制

①药品、试剂和器械的准备

水配制精液稀释液所用的蒸馏水或去离子水要新鲜。

药品、试剂要求用分析纯，奶必须是当天的鲜奶，卵黄要取自新鲜鸡蛋。

所用器械均要严格消毒，玻璃器皿用自来水冲洗干净后，再用蒸馏水冲洗 4 遍，控干水分，用纸将瓶口包好，放入 120℃干燥箱中干燥 1 h，放凉备用。

注意事项：烘箱温度设置不能高于 140℃；取烘干的东西时，必须等到烘箱温度降到 100℃以下。

②配制方法

试剂称量，药品、试剂的称量必须准确，常用称量工具有电子天平，电子秤等。称量试剂多时采用电子秤，准确度必须精确到 0.001。注意事项：电子天平在使用前应首先调平。

溶解试剂，在烧杯中将试剂溶解好，对溶解较慢的试剂可以使用磁力搅拌器促进溶解，然后转移到容量瓶中，用蒸馏水将烧杯冲洗 3 次以上，将冲洗液全部转移到容量瓶中定容。

过滤，将定容好的液体用双层滤纸过滤到三角瓶中。

消毒，将液体转移到瓶中，瓶口加一双折的棉线，再用胶塞塞住。放入高压锅 120℃消毒 30 min。高压消毒好以后将瓶取出拔掉棉线，即为配制好的基础液。

加卵黄，新鲜鸡蛋用 75%酒精棉球消毒外壳，待其完全挥发后，将鸡蛋打开，分离蛋清、蛋黄和系带，将蛋黄盛于鸡蛋壳小头的半个蛋壳内，并小心地将蛋黄倒在用四层对折（8 层）的消毒纸巾上。小心地使蛋黄在纸巾上滚动，使其表面的稀蛋清被纸巾吸附。先用针头小心将卵黄膜挑一个小口，再用去掉针头的 10 mL 一次性注射器，从小口慢慢吸取卵黄，尽量避免将气泡吸入，同时应避免吸入卵黄膜。吸入 10 mL 后，再用同样的方法吸取另一个鸡蛋的卵黄。也可将卵黄移至纸巾的边缘，用针头挑一个小口，将卵黄液缓缓倒入量筒中，注意避免将卵黄膜倒入量筒中。

卵黄液与基础液的混合：取放凉的基础液，加入三角瓶中，然后将卵黄液注入或将卵黄液从量筒中倒入三角瓶中，用量取的基础液反复冲洗量筒中的卵黄，使其全部溶解入基础液中，然后将全部的基础液倒入三角瓶中，摇匀。

鲜奶，如用鲜奶作为稀释液的成分，可将纱布折成 8 层，将鲜奶过滤后直接加入稀释液中。

抗生素，分别用 1 mL 注射器吸取基础液 1 mL，注入 80 万 IU 的青霉素，使其彻底溶解。从青霉素瓶中吸取 0.1～0.12 mL，将其注入三角瓶中，并摇匀。另一种方法是，称取 0.06 g 的青霉素加入三角瓶中，摇匀。用基础液、卵黄液和抗生素混合制成第一液。

甘油，第二液的制作：用量筒量取第一液 47 mL，加入另一只三角瓶中，用注射器吸取 3 mL 消毒甘油，注入三角瓶中，摇匀。制成羊冷冻精液的第二液。

2. 精液的稀释

（1）稀释倍数和表示方法

精液适宜的稀释倍数与稀释液种类有关，稀释倍数的确定应根据原精液的质量，尤其是精子的活力和密度、每次输精所需的精子数、稀释液的种类和保存方法决定。N 倍稀释：即 1 份精液：N−1 份稀释液；1 ∶ N 稀释：即 1 份精液，N 份稀释液。如 N 倍稀释后，精子密度为原来的 1/N，体积为原精液体积的 N 倍，则：

可分装的份数＝原精液体积×稀释倍数/每份精液体积稀释倍数＝原精液体

积×分装的份数/每份精液体积

在生产实际中，稀释倍数往往存在小数而影响操作，大多数以需要加入的稀释液量直接计算。

原精液可分装份数（即一次采精的可输精分装份数）=原精液密度×输精要求活力×采精量/每份精液总有效精子数

需加稀释液量=原精液可分装份数×每份精液体积-采精量

（2）羊精液液态保存的稀释倍数

羊精液的液态保存指常温保存和低温保存，以及新鲜精液稀释后直接进行人工授精。

羊精液的液态保存每次输精有效精子数不能低于0.5亿个，输精前精液的活力不能低于0.6，输精量为0.5~1 mL。

例如，某一次采精后，经精液品质检查，采精量1.2 mL、精子活力0.6、精子密度22亿个/mL，其他指标均符合输精要求。若输精量按每只羊每次0.5 mL。

原精液可分装份数=22亿个/mL×0.6×1.2 mL/0.5亿个=31.68=31份

注意：计算出来的可分装份数如果是小数，不论小数点后的数字大小均应忽略，取整数，否则，输精时有效精子数就会不符合标准。

需加稀释液量=0.5 mL×31-1.2 mL=14.3 mL。

（3）羊冷冻精液的稀释倍数

羊冷冻精液每次输精有效精子数不能低于3 000万个，精子活力≥30%，每次输精剂量颗粒冻精0.1 mL、细管冻精0.25 mL。

第一次稀释倍数的计算：应为最终稀释后体积的50%。第二次稀释为1∶1稀释。

例如，制作0.25 mL细管冻精，采精量为3 mL、精子密度为22亿个/mL。

原精液可分装份数=22亿个/mL×0.3×3 mL/0.3亿个=66份

需加稀释液量=0.25 mL×66-3 mL=13.5 mL

第一次稀释需加稀释液量=0.25 mL×66×50%-3 mL=5.25 mL

第二次稀释需加稀释液量=0.25 mL×66×50%=8.25 mL

（4）注意事项

第一，配制稀释所使用的一切用具必须彻底洗涤干净，严格消毒；配制的稀释液要严格消毒；抗生素、酶类、激素类、维生素等添加剂必须在稀释液冷却至室温时，方可加入；稀释液要求现配现用，保持新鲜。需要保存的，含有卵黄和奶类的保存时间不超过2 d；基础液消毒好后，在0~5℃可保存1个月。

第二，原精液在采精经检查合格后，应立即进行稀释，越快越好，从采精后到稀释的时间不超过 30 min。

稀释精液时，稀释液的温度和精液的温度必须调整一致，以 30～35℃为宜；将稀释液沿精液瓶壁缓慢加入，防止剧烈震荡；若做高倍（10 倍以上）稀释，应先低倍后高倍，分次进行；稀释后精液立即进行分装（一般按 1 头母羊的输精量）保存。

四、羊精液保存技术

精液保存的方法按保存的温度分为：常温保存（15～25℃）；低温保存（0～5℃）和冷冻保存（−196～−79℃）3 种。按精液的状态分：液态保存和冷冻保存，常温保存和低温保存温度都在 0℃以上，称为液态精液保存。超低温保存精液以冻结形式作长期保存，称为冷冻精液保存。羊精液的保存方法有常温保存、低温保存和冷冻保存（颗粒和细管）3 种方法。

1. 精液的常温保存

精液的常温保存是保存温度在 15～25℃，允许温度有一定的变动幅度，也称室温保存。常温保存所需设备简单，便于在生产中普及推广。这种方法主要用于采精后，精液经稀释后立即输精，不用于长时间保存，主要用于羊的精液稀释，从采精到完成输精，尽量不超过 1 h。如需要运输，可采用保温杯或疫苗箱等。

2. 精液的低温保存

精液的低温保存是将精液稀释后缓慢降温至 0～5℃保存，低温保存的原理是利用低温来抑制精子的活动，降低代谢和能量消耗，抑制微生物生长，以达到延长精子存活时间的目的。当温度回升后，精子又恢复正常代谢功能并保持其受精能力。低温保存时，为避免精子发生冷休克，必须在稀释液中添加卵黄、奶类等防冷物质。

稀释后的精液，为避免精子发生冷休克，须采取缓慢降温的方法从 30℃降至 0～5℃，以每分钟下降 0.2℃左右为宜，整个降温过程需 1～2 h 完成。将分装好的精液瓶用纱布或毛巾包缠好，再裹以塑料袋防水，置于 0～5℃低温环境中存放，也可将精液瓶放入 30℃温水的容器内，一起放置在 0～5℃中，经 1～2 h，精液温度即可降至 0～5℃。

最常用的方法是将精液放置在冰箱内保存，也可用冰块放入广口瓶内代替；或者在广口瓶里盛有化学制冷剂（水中加入尿素、硫酸铵等）的凉水内；

还可吊入水井深处保存。

低温保存的精液在输精前要进行升温处理。升温的速度对精子影响较小，故一般可将贮精瓶直接投入30℃温水中即可。

3. 精液的冷冻保存

冷冻保存是将精液经过冷冻，在液氮中保存。冷冻精液的冷源液氮，保存温度为-196℃。冷冻精液的剂型有细管型和颗粒型两种。

（1）液氮罐的结构和使用

冻精应贮存于液氮罐的液氮中，设专人保管，每周定时加一次液氮，应经常检查液氮罐的状况，如发现液氮罐外壳结白霜，立即将精液转移入其他液氮罐内保存。包装好的冻精由一个液氮罐转换到另一个液氮罐时，在液氮罐外停留时间不得超过3 s。取存冻精后要盖好液氮罐塞，在取放盖塞时，要垂直轻拿轻放，不得用力过猛，防止液氮罐塞折断或损坏。移动液氮罐时，不得在地上拖行，应提握液氮罐手柄抬起罐体后再移动。

冻精运输过程中要有专人负责，贮存容器不得横倒及碰撞和剧烈震动，保证冻精始终浸在液氮中。

液氮罐容量有5 L、10 L到30 L大小不等，可根据实际需要选择。大液氮罐液氮保存时间长，但运输不如小的方便。

（2）细管冻精

塑料细管一般有0.25 mL、0.5 mL、1 mL 3种规格。具有适于快速冷冻，精液受温均匀，冷冻效果好；剂量标准化卫生条件好，不易受污染，标记鲜明，精液不易混淆；体积小，便于大量保存，精子损耗率低，精子复苏率和受胎率高；适于机械化生产等优点。缺点：如封口不好，解冻时易破裂；须有装封、印字等机械设备。目前生产中常用的以0.25 mL细管为主，保存时在液氮罐内保存。

（3）颗粒冻精

颗粒冻精是将精液直接滴冻在经液氮冷却的塑料板或金属板上，冷冻成体积为0.1 mL的颗粒。优点：方法简便，易于制作，成本低，体积小，便于大量贮存。缺点：剂量不标准，精液暴露在外易受污染，不易标记，易混淆，大多需解冻液解冻。

五、羊的输精

输精是人工授精的最后1个技术环节。适时而准确地把一定量的优质精液输到发情母羊生殖道的一定部位是保证受胎率的关键。

1. 输精时间

羊采用二次输精。每天用试情公羊检查母羊群 2 次，上、下午各 1 次，试情公羊用试情布兜住腹部，避免发生自然交配。如果母羊接受公羊爬跨，证明已经发情，应在发现发情后 6～12 h 内第一次输精，间隔 12～18 h 后第二次输精。

经产羊应于发现发情后 6～12 h 第一次输精，间隔 12～16 h 后第二次输精。

初配羊应于发现发情后 12 h 第一次输精，间隔 12 h 第二次输精。

2. 输精前的准备

鲜精经稀释、精液品质检查符合要求后即可直接输精；低温保存时，输精前将精液经 10 min 左右升温到 30～35℃ 再进行输精；颗粒冻精和细管冻精需要解冻后进行输精。

（1）颗粒冻精的解冻

①解冻所需器材、溶液恒温水浴（可用烧杯或保温杯结合温度计代替）、1 000 μL移液枪、5 mL 小试管、镊子、2. 9%柠檬酸钠注射液。

②将水浴锅温度设定为 38～40℃，在小试管中加入 1 mL 2. 9%柠檬酸钠注射液，预温 2 min 以上。

③在液氮罐中用镊子夹取 1 个颗粒冻精投入小试管中，由液氮罐提取精液，精液在液氮罐颈部停留不应超过 10 s，贮精瓶停留部位应在距颈管部 8 cm 以下。从液氮罐取出颗粒冻精到投入小试管时间尽量控制在 3 s 以内。

④轻轻摇晃小试管，使精液溶解并充分混匀。

⑤用输精器将解冻好的精液吸到输精枪中，准备输精。

（2）细管冻精的解冻

①解冻所需器材：恒温水浴锅（可用烧杯或保温杯结合温度计代替）、镊子、细管钳、输精枪及外套管。

②用镊子从液氮罐中取出细管冻精，由液氮罐提取的细管冻精在液氮罐颈部停留不应超过 10 s，贮精瓶停留部位应在距液氮罐颈管部 8 cm 以下。从液氮罐取出细管冻精到投入保温杯时间尽量控制在 3 s 以内。

③将细管冻精直接投入 40℃ 水浴锅（或用温度计将保温杯水温调整至 40℃），摇晃至完全溶解。也可在水浴加温至（40±0. 2）℃解冻，将细管冻精投入 40℃水浴解冻 3 s 左右，有一半溶解以后拿出使其完全溶解。

④将解冻好的细管冻精装入输精器中，封口端朝外，再用细管钳将细管从露出输精器的部分剪开，套上外套管，准备输精。

3. 输精操作

羊的输精主要采用开膣器输精法。输精前开膣器和输精器可采用火焰消毒，将酒精棉球点燃，利用火焰对开膣器和输精器进行消毒，并在开膣器前端涂上润滑剂（红霉素软膏或凡士林等均可），将精液吸入输精器。

（1）母羊的保定

母羊可采用保定架保定、单人保定和双人保定。对体格较大的母羊可采用保定架或双人保定。体格中、小的母羊可采用单人倒提保定。

围栏颈枷保定输精是专门为工厂化养羊设计的保定输精装置，该装置极大地节约了人力资源，每人每天可输精母羊 200 只以上。

（2）输精操作流程

①用卫生纸或捏干的酒精棉球将母羊外阴部粪便等污物擦干净。

②用开膣器先朝斜上方、侧进入阴道。

③开膣器前端快抵达子宫颈口时，将开膣器转平，然后打开开膣器。

④看到子宫颈口时，用输精器头旋转进入子宫颈。

⑤等输精枪无法再进入子宫时，将精液注入。

（3）注意事项

给母羊输精时，输精器进入子宫时难度较大，通常深度为 2~3 cm，最佳位置是通过子宫颈，直接输入子宫体内。输精完成后，再将母羊倒提保定 2 min，防止精液倒流。输精完成后，输精器和开膣器必须清洗干净。

第二节　肉羊同期发情技术

同期发情就是用人工干扰的方法使羊群中不同个体同步发情，即给母羊注射或填埋外源性激素类药物，诱发母羊集中在 2~3 d 发情，使不同个体基本处于发情周期的相同阶段。

一、同期发情的意义

集中配种，有利于组织生产与管理，实行“全进全出”，克服自然发情造成的发情不整齐、配种持续时间长、设备利用率低、“管理疲劳”等弊端，从而提高圈舍利用率、降低劳动强度，减少生产成本。

用药物处理发情早的母羊，延长其发情周期，处理发情晚的母羊，缩短其发情周期，使两者协调并同时发情。思路有二：一是给母羊施用一类激素药物，延长其发情周期，经过一定时期同时停药，使其同时发情；二是利用另一类激素，缩短其发情周期，使羊提前并同时发情。提前发情的意义在于：

①减少发情鉴定时间和次数，提高优秀种公羊利用率；

②在配种时间有限的地区，母羊批量集中发情，便于人工授精和品种改良计划的组织和实施；

③在高效繁殖体系中，实现母羊一年两产或两年三产，依市场需求调整母羊配种期和产羔期；

④在工厂化或集约化条件，批量生产商品肉羊，实现全年均衡供应体系；

⑤胚胎移植技术必需手段之一。

二、同期发情方法

1. 延长黄体期（孕激素法）

给一群母羊同时施用孕激素，抑制卵泡的生长发育和发情，经过一段时期停药，由于卵巢同时失去外源性孕激素的控制，卵巢上周期黄体退化，随之引起同时发情。

2. 缩短黄体期（前列腺素法）

利用性质完全不同的另一类激素即氯前列烯醇（PG），加速黄体溶解，降低孕酮水平，从而促进垂体促性腺激素的释放，引起发情。

3. 处理方法

（1）埋植海绵栓法适用非繁殖季节和繁殖季节

羊群组织→埋栓（CRID）→12 d 后撤栓，同时肌内注射孕马血清促性腺激素（PMSG）→24 h 后试情配种，肌内注射 LHA3 或人绒毛膜促性腺激素（HCG）→14 d 后复配。

（2）前列腺素法适用繁殖季节

羊群组织→注射 PG、LHA3→第二天试情配种→14 d 后复配。

三、诱发发情

指在母羊乏情期或非配种季节，借助外源激素人工诱导母羊发情并配种。达到缩短产羔间隔，变季节配种为全年配种，实现一年两产或两年三产，提高母羊繁殖力。

1. 激素处理

用孕激素处理加上孕马血清。应用促卵泡素（FSH）或氯地酚也可促使母羊发情排卵。

2. 调节光照周期

利用人工暗室，实施人工光照，持续1个月，然后恢复自然白昼，则可促使母羊提早发情。

第三节　胚胎移植技术

一、胚胎移植概念

1. 供体羊

用来提供胚胎的羊称之供体羊。供体羊包括供体公羊和供体母羊，通常指后者。供体母羊一般可提供5个以上的胚胎。

2. 受体羊

用来接受胚胎的羊称之受体羊。受体羊只有母羊。

3. 胚胎移植

从经过超数排卵处理的供体母羊的输卵管或子宫内取出多个具有优良遗传性状的早期胚胎，移植到受体羊的相应部位，生产供体羊后代的过程称之胚胎移植。此项技术谓之胚胎移植技术。

二、羊胚胎移植的方法

1. 供体羊的选择

供体羊应是具有较高生产性能和经济价值的优良品种，如萨福克、道赛特羊等；要求个体发育良好、繁殖机能正常、健康无病、2~3岁的成年羊。

2. 受体羊的选择

受体羊的要求较低，只要健康无病、繁殖机能正常、泌乳能力强、年龄在2~5岁的经产母羊，无论何种品种均可作为受体羊。受体羊与供体羊的配比以（6~10）：1为宜。

3. 种公羊的选择

种公羊为供体公羊，应是优良品种，个体发育健壮、性欲旺盛，年龄在2~4岁。种公羊在配种采精前20 d须加强饲养管理（参见种公羊饲养管理章节），配种采精前应对其精液品质进行严格检验，合格后方可使用。

4. 供体、受体羊的同期发情处理

同期发情就是借助外源激素刺激卵巢，人为控制调整群体母羊发情周期，使母羊的卵巢生理机能都处于相同阶段，在预定时间内集中发情。在进行胚胎移植时，受体羊和供体羊必须处于相同的发情阶段，同步差不超过24 h。

5. 供体羊超数排卵处理

超数排卵即用促卵泡素（FSH）、促黄体酮素（LH）及氯前列烯醇（PG）等对良种母羊进行超数排卵处理，促进供体母羊排卵，使卵巢在一个发情周期能够排出比在自然状态下更多的成熟卵子。

选择好供体羊，在阴道放置阴道栓，放栓后第8~10 d，每天早晚肌内注射促卵泡素，第10 d晚取栓，第11~12 d观察母羊是否发情。超排供体羊发情后，每间隔8~12 h，用良种公羊配种2~4次（也可用人工输精方法）。

三、胚胎的采集

采用外科手术法，在经超数排卵的供体羊发情配种后的第6 d，从其子宫角或输卵管采集早期胚胎。

四、胚胎的鉴定与移植

用形态鉴定法对胚胎进行鉴定，选择可利用胚胎，用外科手术法移入与供体羊发情同期（发情同步差在24 h以内）受体羊子宫内，每只羊移入1~2枚胚胎。经移植的受体羊经2~3个情期的观察，未返情的为妊娠羊。

第四节　超数排卵技术

一、超数排卵的意义

1. 发挥优良母羊的繁殖潜力

一头优良母羊的卵巢内有成千上万个生殖细胞，但在一个正常性周期内只有几个卵泡同时发育，最终只有一个或几个卵泡成熟并排卵，而其他卵泡会逐渐闭锁、死亡。因此，一头良种母羊一生也只能繁殖十多个后代，大部分时间用于妊娠和哺乳。如果能让良种母羊卵巢上更多的卵泡成熟排卵，进而利用生产力低下的同种母羊进行“借腹怀胎”，那么优良母羊可以获得后代的数目至少增加几倍到几十倍。

2. 促进绵羊改良的速度，加速遗传进展

在自然状态下，用遗传性状相近似的同胞个体进行育种，时间很长，但利用胚胎移植技术就可以生产很多同胞，从中选择所需遗传性状的几率增加，这样就加快了育种过程。当它不能进行正常的妊娠或哺乳幼畜时，仍可以用它作为供体，以获得数量可观的胚胎，增加后代数量。

3. 作为胚胎操作的基础

对后代进行性别控制，通过显微操作技术进行受精卵切割，应用细胞工程技术生产“试管动物”“转基因动物”“克隆动物”，这些技术含量较高的生物学手段，都以超数排卵作为基础；胚胎移植技术在羊上已进入商业化生产阶段，但作为胚胎移植的基础，有高质量、充足的卵源十分重要，因此超数排卵是胚胎移植程序中一个必不可少的重要组成部分。

4. 长期保存冷冻胚胎，便于运输和保存遗传资源

由于胚胎超低温冷冻技术在胚胎生产中的应用，人们可以不受时间及地点的限制，对胚胎进行长期保存和运输，这样，胚胎移植就变得更加实用。异地移植只需运输冷冻胚胎即可，而且可以有计划地进行胚胎采集和移植，优良胚胎的利用率就会大大提高。

胚胎移植技术的运用还可以改变家畜种群的遗传组成，防止出现因近亲繁殖而造成的种群退化问题；同时，对优良母畜或稀有哺乳动物进行有计划的胚胎保存，建立起“胚胎库”，也具有重大的生物学意义。

二、超数排卵的理论基础

绵羊发育到胚胎后期，卵巢中生殖细胞的数量急剧增加，形成大量的卵原细胞，其中有一部分进一步发育为初级卵母细胞。出生后，卵细胞的数量就不再增加，但储存数量相当可观。随着年龄的增长，这些卵细胞不断退化，到性成熟时大部分已消失，但卵巢上仍有相当数量的卵原细胞和初级卵母细胞存在。正常情况下，动物卵泡的生长发育呈现“卵泡波”的特征：即一组卵泡被征集发育，其中一个或数个确立为优势化卵泡继续生长发育，并明显抑制其

余卵泡，使之生长减弱，最终导致闭锁，而卵泡的这种征集是由于获得了对促性腺激素的反应能力。因此，在一个性周期会同时有一组卵泡开始发育，但最后只有一部分卵泡发育成熟。羊一般只有一个卵母细胞成熟而从卵巢中排出，其他卵泡则成为闭锁卵泡，所以，卵巢中有大量的卵细胞并未得到利用。用人工的方法，例如注射某些激素，可以促使更多的卵泡相继生长并成熟、排卵，这就是超数排卵的基础，可以对卵巢产生作用并能引起卵的成熟和排卵的激素主要有：孕酮（P_4）、雌激素（E_2）、促卵泡素（FSH）、促黄体酮素（LH）、促性腺激素释放激素（GnRH）等。这些激素对卵巢的作用有相同之处，但也有差别。有研究表明，人为地升高 FSH 的浓度将导致被征集卵泡体积变大、数目增多。因此，在绵羊发情周期的一定阶段注射外源促卵泡素（FSH 或 MSG）就可以使更多的卵泡同时发育为优势化卵泡，之后，再在内源及外源 LH 及雌激素的作用下全部排卵。

各类激素和促性腺激素虽然都具有独特的生理功能，但他们都不是单独影响机体，而是相互促进、相互制约。FSH 的主要功能是促进卵泡的生长及发育，再加上少量的 LH 就能进一步刺激卵泡生长、成熟和产生雌激素。性腺分泌的雌激素再刺激垂体，使 LH 的分泌量增加，在大量的 LH 和少量的 FSH 的作用下引起卵巢排卵。在 LH 的刺激下，黄体生成、发育并分泌孕酮。孕酮刺激子宫内膜生长，为胚胎的着床和维持妊娠创造条件。在这一过程中，雌激素的参与同样也是不可缺少的。各类激素的协调作用，促使完成生殖这一繁衍后代的功能。诱导绵羊超数排卵都要用注射外源激素的方法，其目的也是人工使体内的激素水平达到阈值，从而诱发卵的成熟和排放。

三、影响超数排卵的因素

尽管绵羊的胚胎移植技术已进入商业化生产阶段，但至今为止在绵羊上还没有一种稳定高效的超排方法可以获得数量较多而质量又普遍较高的胚胎。影响绵羊超数排卵的因素主要有以下几个方面。

1. 促性腺激素

关于超数排卵方法的研究，最初的思路是应用刺激卵泡的化合物以提高内源性 FSH 的水平，促进较多的卵泡发育，再结合 LH 或相似的激素刺激卵泡的最后成熟与排放。

用于绵羊超排的外源促卵泡素主要有 FSH 和 PMSG。FSH 在体内的半衰期比较短，必须每日注射 1~2 次，连续注射 3~5 d。以后改用 PMSG，它在体内具有 FSH 和 LH 的双重作用，在发情周期的卵泡期皮下或肌内注射一次即可。在发情期或接近发情时，结合应用排卵激素制剂，以提高 LH 的内源性水平。采用 PMSG 的优点是对供体刺激小，费用低，使用方便。但 PMSG 半衰期较长（118~123 h），常使一些未排的大卵泡残留卵巢而分泌雌激素，从而影响回收胚胎的质量，延长了卵巢恢复时间和重复超排间隙。而通过增加 PMSG 剂量提高排卵数时，上述现象尤为严重。

2. 配种方式

在绵羊超排研究初期，撤栓发情后多采用自然交配或子宫颈输精法。这两种配种方式对供体的刺激小，不会对供体造成损伤。但有研究发现，同期化或超排处理能改变子宫环境，使精子通过子宫颈困难，降低了受精率。自从腹腔镜被引入绵羊配种，腹腔镜输精法（子宫内输精法）就成为国内外众多超排研究者应用的方法。经过国内外研究者的反复试验证实，腹腔镜法输精的最佳时间在撤栓后 44~46 h。自然交配、子宫颈口输精法、腹腔镜输精法各有其优缺点。尽管自然交配及子宫颈口输精法时供体受精率较低，但对供体损伤小，有利于供体重复利用并降低术后对供体繁殖力的影响。腹腔镜法受精率高，但会对供体造成一种刺激及损伤，输精后不久即进行手术法冲卵，连续刺激对供体重复利用及术后繁殖力也有一定负面影响。因此，哪种配种方式更加经济合理还有待于进一步研究。

3. 冲卵时间及冲卵方式

因绵羊个体较小、多采用手术法冲卵。也有人尝试用非手术法，但因成功率较低而未能普及。手术法冲卵有输卵管冲卵及子宫角冲卵两种方式。输卵管冲卵是指在配种后 1~3 d 从输卵管中冲取 2~8 细胞期胚胎的方式。子宫角冲卵则在配种后 6~7 d 从子宫角冲取桑葚胚及囊胚的方式。在同一条件下，输卵管冲卵法冲卵率高于子宫角冲卵法。但因 2~8 细胞期胚胎不易冷冻，而且输卵管冲卵法易损伤输卵管，术后粘连率也很较高，导致供体不能重复利用或不孕，因此多采用子宫角冲卵法。

4. 年龄、品种及个体差异

不同年龄和不同品种的动物对同种同剂量的激素反应不同，超排效果也不同，即使同一品种、相同年龄的动物对激素的敏感性也有差异。余文莉等（1999）的试验表明，育成羊超排效果很不稳定。而赵霞等（2001）则认为性成熟不久的供体羊，初次诱发排卵时适当降低 FSH 剂量可与成年经产母羊一样有较好的超排效果。倪建宏等（2000）在繁殖季节连续两次以 FSH 对中国美利奴羊进行超排处理，第一次超排有效率为 86.7%，获可用胚 4.85 枚，第二次超排有效率为 80%，获可用胚 4.78 枚，两次超排所获头均黄体数和可用胚数差异不显著，说明在一个发情季节里对供体母羊实施重复超排可以获得较好的结果。虽然可以利用优良公羊的冷冻精液在非繁殖季节对母羊进行诱导发情及人工输精，但由于非繁殖季节受精率较低以及受绵羊单胎性的限制，不能充分发挥优良母畜的繁殖潜能。如果能提高绵羊在非繁殖季节超数排卵的效果，就能使绵羊在一年内重复超排多次，之后进行鲜胚移植或将胚胎冷冻保存起来，这样更能有效利用优良母畜的繁殖潜能，得到更多优秀的后代。因此如能选择合适的激素剂量及超排处理方式，在非繁殖季节对绵羊进行超数排卵同样能获得较好的效果。

5. 季节及营养状态

绵羊多数属于季节性发情动物，在发情季节，卵巢处于活动状态，呈现周期性卵泡发育。因此当供体处于发情及排卵率最高的季节时超排效果最佳。

超排的效果还与母体的营养状态相关，体况太差会降低外源激素的有效性。McEvoy 等（1993）认为用孕酮处理期间，供体饲养水平过高会抑制孕酮循环，从而减少活胚的产生。

四、超排处理方案

1. 单次 FSH 处理

许多人试图对 FSH 的超排程序进行简化，一次 FSH 就能达到效果，以节约时间和劳力。有研究表明，如果绵羊在同期发情撤出海绵栓以前 36 h 时一次注射 FSH，其排卵率与多次注射 FSH 相同。撤出海绵栓时一次注射 25 mg FSH，超排效果比在 4 d 时间内重复注射更好。

2. 尿源促卵泡素（FSH-P）与 eCG 合用

FSH-P 单独处理的主要缺点是在有些绵羊不出现超排反应，因此可采用 FSH 和 eCG 合并用药处理，两者合用时超排效果比单独使用 FSH-P 好。eCC 可采用中等剂量，与 FSH-P 合用后胚胎质量比两种激素单独使用好。也有研究表明，在孕激素海绵撤出后 24 h 对 eCG-FSH 处理的绵羊再注射 CnRH 可以明显提高超排率。

3. PGs 与 Gn

PGF2a 及其类似物也可用于绵羊的超排处理。例如可以在促性腺激素处理之后用氯前列烯醇溶解黄体。用 eCG 处理之后 24~72h 注射 100 μL 氯前列烯醇，大多数绵羊可在处理之后 36 h 发情。但对 eCG 处理绵羊再用 PGF2a 之后形成的黄体提早退化。

4. 孕激素与 Gn

在绵羊的超排中，许多研究试图用 FSH 或 eCG 结合孕激素处理，将超排与发情控制相结合。在这种处理方法中，可以在撤出孕激素海绵前 48 h、24 h 或者在撤出海绵的同时一次注射 eCG。

5. 重复超排

成功的超排及胚胎移植技术应该能够重复利用供体动物，使其能对促性腺激素重复处理发生反应。用 eCC 和 HAP 进行重复超排的研究表明，绵羊可以在 6~9 个月的时间内进行 3 次超排，超排可在乏情季节进行，也可在繁殖季节进行，对超排效果没有明显影响。澳大利亚美利奴羊用 1 000 IU eCG 在每个发情周期进行超排处理，连续进行 12 个月，发现绵羊对促性腺激素的超排处理的反应性没有发生明显变化，因此在绵羊可以重复进行超排处理。日本和法国的研究也表明，重复超排后没有发现排卵率下降，但由于采用手术方法，因此每次超排也存在一定问题，如引起粘连等，因此当时建议可以重复超排 3 次。但如果采用非手术法，则可使超排重复次数大为增加。此外也可采用腹腔镜技术进行绵羊胚胎的回收和移植，重复回收可在每个月进行 3 次，回收率可以达到 75%~80%。

第五节　颗粒冻精制作与冷配技术

绵羊精液冷冻的研究始于 20 世纪 50 年代。该技术的问世解决了动物精液长期保存的问题，使优良种畜精液的使用不受时间、地域和配种时间的限制，便于开展国际、省际之间的合作发展，最大限度地提高了优良种公羊的利用率，加快了品种改良和新品种育成步伐，使优良种公羊在短期内进行后裔测定，进而保留和恢复了某一个体的优良遗传特性，进行血统更新，简化引种程序。

以下内容为制作肉羊颗粒冻精的操作程序。

准备（器具、公羊、稀释液）工作→采精→稀释、平衡→滴冻→解冻验精→包装、标记→储存。

1. 场地和设备、器械物品的准备

验精室、采精室、台羊、种公羊和圈舍，采精器械，药品与物品，常用稀释液：0.9%氯化钠溶液、脱脂鲜牛奶、V_2注射液（独立使用）。

稀释倍数：精液的稀释倍数应根据采精量、精子密度、精子活力及待配母羊数等来确定。绵羊一般稀释 1：（2~4）倍。但用 0.9%氯化钠溶液稀释不可超过 2 倍，稀释后须马上输精。稀释后精液量为 2~4 mL，可配 20~40 只母羊。

精液稀释注意事项：①稀释应在采精后立即进行；②在稀释精液前，所有用具必须用稀释液冲洗 3~4 遍；③稀释过程中，稀释液温度应与精液温度一致，在 20~25℃恒温条件下进行；④稀释时，将稀释液沿瓶壁缓缓加入精液中，轻轻转动使其混合均匀，切记不可把精液加入稀释液中；⑤做高倍稀释，应分次进行，先低倍稀释，后稀释至高倍；⑥稀释后要进行检查，活力不能有明显下降。

2. 滴冻器具与药品的准备

制作颗粒冻精需液氮、液氮槽、氟板、低温温度计、滴管等特殊器具和乳糖、脱脂奶、卵黄、柠檬酸钠、葡萄糖、青霉素、甘油等药物，具体数量依拟制作量而定。

3. 器具的清洗和消毒

（1）器具的清洗

器具使用前后应在洗涤液浸泡 30 min 以上。从洗涤液中取出后，用清水冲洗至少 6 遍，直至洗涤液完全被冲掉为止；再用蒸馏水冲洗 3 遍，置于筛架上空干。输精枪、注射器、针头先用蒸馏水冲洗，然后用生理盐水冲洗一遍，最后用 95%酒精冲洗一遍。

（2）器具的干燥与保管

洗涤后的玻璃、金属器具放入干燥箱内筛架上，温度升至 120℃保持 30 min 后玻璃器皿用滤纸包扎封口，或再放回 120℃干燥箱中继续烘干不少于 30 min，待使用时取出室内晾凉、备用；或放入高压灭菌锅中进行消毒处理、备用。

（3）器具的消毒处理

将烘干包扎好的器具放入高压灭菌锅中高压消毒 30 min，取出放入专用橱柜内保存待用；假阴道、内胎、离心机及离心管、温度计、镊子、活塞等用 75%酒精棉球擦洗消毒 3~5 遍，然后用灭菌纱布擦干即可（无须置于高压灭菌锅中消毒），置于专用橱柜内保存备用。

4. 稀释液的配制

（1）基础液

用 1/10 000 电子天平称取 10 g 乳糖置于 100 mL 烧杯中，加入高压灭菌后的双蒸水 100 mL，待充分溶解过滤后，高压灭菌 30 min，冷却后待用。

（2）Ⅰ液

取 80 mL 基础液加入新鲜脱脂牛奶 20 mL 混匀，放入钢精锅中蒸煮灭菌 30 min，冷却至室温。然后，取其 80 mL 加入 20 mL 新鲜的卵黄及青霉素 10 万 IU，充分摇匀，静置备用。

（3）Ⅱ液

取 45 mL 的Ⅰ液加入葡萄糖 2 g、柠檬酸钠 1 g、甘油 4 mL 充分摇匀，置于 3~4℃冰箱保存。

5. 采精与精液品质检查参见第七章第一节相关内容。

6. 精液的稀释与保存

（1）稀释的方法

根据原精密度、活力确定稀释倍数。一般稀释比例为 1：（1~3）。

先用Ⅰ液将精液稀释至最终稀释比例的一半，盖上瓶塞，用胶布封口，裹以 8 层纱布置于 3~4℃冰箱中降温平衡 2~3 h，临滴冻前 3~5 min，再加入与Ⅰ液等量的Ⅱ液稀释至所需倍数。

（2）稀释注意事项

①精液采出后应尽快稀释，采精时间过长时，需对先采的精液进行预稀释（即先加 1/4 的Ⅰ液）。

②稀释精液时必须在等温下进行，精液需放在 35~37℃的水浴锅中，稀释时应将稀释液沿容器壁缓慢地向原精液中注入，以免精子遭受冲击而降低活力。

7. 精液滴冻

（1）滴冻前的准备

滴冻前须将滴冻所需的器具，如滴管、氟板、液氮槽、纱布袋、解冻试管、镊子等器具摆放在试验台上紫外线消毒 15~30 min。

（2）稀释精液

冻前活力镜检参见第七章第一节。

（3）滴冻方法

先将液氮倒液氮槽内，氟板放到液氮中充分预冷，取出氟板，氟板面须高于液氮面 3~5 cm，以低温温度计测板面温度，根据滴冻温度随时调节氟板与液氮面的距离，确保氟板面温度控制在零下 80℃左右。当温度恒定时，稀释好的精液检查冻前活力，然后用滴管吸取混匀的精液，按每粒 0.1 mL 快速滴冻，滴冻结束后，停留 4 min 快速将氟板浸入液氮中，用小勺收取颗粒。下一批滴冻前，需用干纱布将氟板面擦拭干净，以防颗粒粘板不易收取。

8. 解冻检验

随机抽样，取冷冻好的颗粒采用干解冻法解冻。先将灭菌、干燥的小试管放在液氮槽口预冷，然后将颗粒放入该试管中，在 75~80℃水浴中溶化至原颗粒 1/3 大小，迅速取出试管置于手心中轻轻擦动，借助手温至全部融化。取一滴置于载玻片上加上盖玻片，在 400~600 倍显微镜下镜检，活力达到 0.3 以上可以包装贮存。

9. 包装、标记

①颗粒冻精可用灭菌纱布袋、提漏等进行包装。

②每只公羊每批冻精均应分批包装并做好标记。注明品种、公羊耳号(角号)、制作日期、稀释比例和颗粒数量；若为混合精液，只需注明品种、制作日期、稀释比例和数量。

③采精时，应详细记录公羊号、采精日期、采精次数、射精量、密度、活力；滴冻前应进行冻前活力检测，并做好精子密度、活力等记录。解冻时也要记录冻精颗粒数，冻前活力，冻后活力。

10. 贮存

冻精颗粒须用液氮罐贮存。保存冻精纱布袋或提漏应浸没于罐内液氮中。如液氮不足原容器的 1/3 时，应及时补充液氮。存取冻精后应及时盖上罐盖，防止热气流或异物侵入罐体。取放冻精时，勿将提漏或冻精包装袋提出液氮罐外，宜提到罐的颈口部进行操作，且停留时间不得超过 10~15 s。冻精转移时，盛装容器（液氮罐）应事先准备好，操作迅速准确，包装冻精的提漏或纱布袋离开液氮面的时间不得超过 5 s。应经常注意检查贮精罐的状况，如发现容器外表面有霜露时，表明液氮罐已出故障，应立即将冻精转入其他完好的罐内。

11. 羊冻精制作、保存中应注意的几个温度问题

影响冻精质量的因素很多，包括羊的品种、饲养水平、温度、个人操作技能及解冻方法等。但温度是影响冻精质量和冷冻保存效果最直接、最重要的关键因素。在冻精制作各个环节和保存过程中要严把温度关，注意以下几个环节

的温度控制。

(1) 采精过程中假阴道及集精杯温度的控制

假阴道内壁温度应控制在40℃左右，以接近羊的正常体温为宜。

温度低于35℃时公羊往往爬跨多次而不射精或射精量少。相反，温度超过40℃则使种公羊射精太快，不仅影响射精量还会影响精子活力；同时，有可能使种公羊阴茎灼伤，造成采精恐惧，影响以后的采精。

考虑到季节的影响和公羊个体差异，具体操作时假阴道内温度应适当调整。相对而言，用于现场的鲜精输精时可以对采精温度可稍宽松些，而用于冻精生产时则必须严格要求。

(2) 第一次稀释、降温及平衡过程中的温度控制

采集原精应立即转移到20℃环境下保存。在检查过精液品质之后，符合要求的即可用与之等温的Ⅰ液稀释。此过程中应确保稀释液温度、移液器吸头温度、操作温度与精液保存温度一致或接近，差异不可过大。第一次降温及平衡时，盛放混合精液容器须用纱布包裹，以防降温过快，精子因冷应激反应过于强烈而死亡。

(3) 第二次稀释与平衡过程中的温度控制

羊精液冷冻一般采用两次稀释法。在两次稀释法中，要在降到3~5℃后进行第二次稀释，然后进行一次平衡，这一过程的原则是等温、恒温，也就是将Ⅱ液要与精液等温，整个过程中尽量减少温度变化，在高温季节尤其要注意，不能使精液温度反复升降。在第二次等温稀释前要把精液、Ⅱ液置于相同的温度条件下等温一段时间，必要时移液器具也要一起等温处理。稀释后的平衡过程中也要求恒温。

(4) 冷冻过程中的温度控制

精液冷冻过程中的控温尤为关键，也是最难控制的一步，通常可分为始冻温度、热平衡温度、熏蒸温度和入氮温度，各段的温度因冻精剂型，冷冻液配方及羊的品种而不同，这一过程的原则是缓慢通过危险区（-60~0℃）以减少氟板表面冰晶的形成，降温速度要求在100℃/min左右。液氮中浸泡不超过1 min。

(5) 解冻过程中的温度要求

解冻也是影响冻精活力的关键一环，原则也是迅速通过危险区，尽量避免产生冰晶而损伤精子。目前尚未有一个标准解冻温度，一般以40℃和60℃水浴解冻较为多见。

第六节　频密产羔技术

现代畜牧业的一个突出特点是从饲养、管理、繁殖及生活环境等方面对畜群进行有效调控，以提高其生产性能和繁殖率。随着畜牧业生产集约化程度的不断提高，人们对家畜的生命活动控制程度越来越高，家畜受自然条件的影响也越来越小。长期以来，由于自身的放牧特点，养羊业在很大程度上受到自然环境的直接影响。大多品种的绵羊都表现为明显的季节性发情，一般集中在8—10月，空怀期可长达数月，严重影响了绵羊的经济价值。

一、孕激素-eCG处理技术

绵羊采用繁殖调控技术时，有许多方面必须仔细考虑。例如，阴道内孕激素海绵栓处理可能不适合于产后期早期，因为此时需要从子宫中排出许多碎片，子宫需要复旧等。泌乳母羊在处理时应该采用高剂量的eCG，但这样处理的结果可能使排卵率的差异加大，同时排卵时间的差异也很大。这种对排卵过程的影响也可使春季产羔的母羊生育力降低，由于释放的卵子异常，因此受精率也可能降低。

采用含孕激素的CIRDs结合eCG处理对诱导非繁殖季节及繁殖季节的产后早期绵羊的发情及排卵十分有效，这种同期发情技术在产后21 d及35 d时也同样有效，而且其效果不受季节和泌乳状态的影响。采用CIRDs时，阴道内的液体可以不受阻碍地流出，因此对绵羊的子宫复旧不会有不利影响。有研究表明，绵羊在产后期采用的孕激素和eCG的剂量应该与其他时间采用的有所不同。但如果将FGA的剂量从40 mg降低到20 mg，其结果并没有显著差异，因此如果将孕激素处理的时间从12 d缩短为6 d，则对没有表现卵巢活性的绵羊可能作用更好。

二、褪黑素及光照处理技术

可以用mLT刺激春季产羔泌乳绵羊产后期的繁殖活动。怀孕后期及产后期早期注射mLT对产奶没有明显影响。但用GnRH处理之后接受mLT处理的羊与对照羊相比，释放的LH并不增加，说明mLT对GnRH诱导的LH释放没有明显影响。mLT可能在春季产羔的母羊产后早期不是控制其恢复发情的主要因素。

三、光照调控处理技术

采用光照调控的方法（配种时提供类似于秋季的光照），同时结合标准FGA-eCG处理方法诱导母羊发情可以诱导泌乳母羊每年出现两次繁殖，虽然这种处理方法并不影响第一次配种的生育力，未孕羊也可以恢复发情，但如果没有光照处理则不会发生任何变化。

如果在加速绵羊的繁殖中所有母羊均采用舍饲，则可以比较精确地控制光照环境。但应该注意的是，在调控绵羊繁殖的光照处理中，长短光照的变化应该有节律，就像其在自然光照条件下一样。如果完整的生产周期（即从产羔到产羔）正常240 d（两年产三次羔）。

秋季时，这些羊只在产后2个月可以恢复配种，而且受胎率较高。这表明季节性环境因素而不是泌乳本身可能对春季产羔的绵羊受胎率低下起主要作用。

秋季和春季产羔的绵羊其生育力之所以有明显差别，其原因之一可能是秋季产羔的绵羊在表现完整的发情之前一般会出现一个安静发情。安静发情时的激素变化可能对子宫复旧有重要作用，因此母羊在达到完整发情时其生殖道已经完全适合于怀孕。如果在春季产羔，则产后绵羊多不出现安静发情。

四、诱导发情技术

诱导发情是采用激素和管理措施等方法，诱导性成熟母羊发情和排卵的技术。在非繁殖季节，合理利用诱导发情技术，可以增加绵羊妊娠率，提高其繁殖力，使其一生中可繁殖更多后代。

乏情期绵羊的主要特征，是卵巢处于静止状态或较低水平活动状态，垂体不能分泌足够的促性腺激素促进卵泡的最后发育成熟和排卵。在这种情况下，只要增加体内促性腺激素和GnRH，即可促进绵羊的卵巢活动，促进卵泡发育成熟，并使乏情母羊出现发情。病理性乏情母羊，仅用促性腺激素或GnRH往往难以达到诱导发情的效果。应先查明原因并予以治疗后，再用GTH或GnRH处理，以恢复其繁殖机能。

绵羊属较为严格的季节性繁殖动物，在休情期内或产羔后不久作诱导发情处理，可以获得正常的发情和配种受孕，因而具有增加母羊产羔数的生理潜能。对于在发情季节仍不发情的母羊，也可通过诱导处理保障其正常繁殖。绵羊的性活动是在神经和内分泌双重作用下实现的，在某些情况下，不用激素处理亦可达到目的，但激素处理可促使母羊发情更直接、更明显，发情时间更确定，这是非激素处理诱导发情做不到的，对母羊采用某些饲养管理措施，也能达到诱导发情的效果，如采用“补饲催情”和“公羊效应”等，都是生产中常用的诱导发情方法。在母羊发情配种季节来临时，加强对母羊的饲养管理，补饲适量精饲料，提高营养水平，可促进母羊发情。在配种季节到来之前数周，将一定数量公羊放入母羊群中，可刺激乏情母羊的卵巢活动，产生“公羊效应”。研究发现，利用“公羊效应”可使母羊提早6周结束乏情期。此外，采用“公羊效应”法也可促进母羊提早结束泌乳性乏情。绵羊的诱导发情还可通过人工改变气候环境来实现。在温带地区，绵羊的发情季节是在日照时间开始缩短的季节，所以利用人工控制光照和湿度的变化，也可诱导母羊的发情。但该法需要一定的设备和费用，在生产中难以推广。

五、频密繁育生产技术体系

频密繁育体系又称之为密集产羔体系，是指母羊产羔的频率和密度比传统的产羔方式加大了。它包括一年两产体系、两年三产体系、三年四产体系、三年五产体系和连续（机会）产羔体系等。但必须强调指出：实行密集产羔的母羊应为多胎品种、营养状况良好、年龄以2~5岁为宜。同时母羊的母性要好，泌乳量较高，应能满足多只羔羊哺乳的需要。

1. 两年三产体系

两年三产是20世纪50年代后期提出的一种密集产羔技术方法，沿用至今，也是被公认为最适合我国目前肉羊养殖水平、切实可行的密集产羔体系。

为达到两年三产体系，一般每8个月为一个产羔周期。其中：妊娠期5个月、哺乳期2个月、回复配种期1月。这样，两年正好产羔三次。这个体系一般被描述成固定的配种和产羔计划：如5月配种，10月产羔；1月再配种，6月产羔；9月配种，2月产羔。羔羊一般是在2月龄断奶。母羊在羔羊断奶后1个月配种。为了达到全年均衡产羔、科学管理的目的，在生产中，羊群可被分成8个月产羔间隔相互错开的4个组，每2个月安排一次生产。这样每隔2个月就有一批羔羊屠宰上市。如果母羊在其组内怀孕失败，2个月后与下一组一起参加配种。用该体系进行生产，其羔羊生产效率比常规体系增加40%，且设备成本亦可减少。以小尾寒羊为基础母羊，引进无角道赛特羊、德国美利奴羊、法国夏洛莱羊等肉用品种，进行杂交组合筛选试验，小尾寒羊母羊及杂一代母羊即采取两年三产方式繁育，从目前结果看，大大提高了羊只出栏率和生产效率，为工厂批量化、全年肉羊均衡生产提供了可借鉴的经验。

2. 三年四产体系

三年四产体系是按产羔间隔 9 个月，一年有四轮产羔设计。该体系由美国拜尔斯特维尔（Beltsville）试验站设计的。该站在培育莫拉姆（Morlam）多胎品种羊时采用的做法是，在母羊产羔后第 4 个月配种，以后几轮则是在第 3 个月配种，即 1 月、4 月、6 月和 10 月产羔，5 月、8 月、11 月、2 月配种。这样，全群母羊的产羔间隔约为 9 个月。分组分批间隔配种，母羊产羔间隔期缩短了 3 个月。

3. 三年五产体系

这个体系是由美国 Comell 大学 Brain Magee 设计的一种全年产羔方案，亦称为星式产羔体系。由于母羊妊娠期的一半是 73 d，正是一年的 1/5。羊群可被分为三组，该体系开始时，第一组母羊在第一期产羔，第二期配种，第四期产羔，第五期再配种；第二组母羊在第二期产羔，第三期配种，第五期产羔，第一期再次配种；第三期母羊在第三期产羔，第四期配种，第一期产羔，第二期再次配种。如此周而复始，产羔间隔 7.2 个月，对于一胎产一羔的母羊，一年可获 1.67 只羔羊，如一胎产双羔，一年可获 3.34 只羔羊。

4. 一年两产体系

一年两产可使母羊年繁殖率产羔率增加 25%~30%。理论上这个体系允许每只母羊最大数量地产羔，但对饲养条件要求极高，在目前情况下，一年两产还不太实际，即使是全年发情母羊群中也难以做到，因为母羊产后需一定时间进行生理恢复。该体系正是我们今后需要探讨解决的研究课题。

5. 机会产羔体系

顾名思义，即在有利条件下（如有利的饲料年份、有利的价格时），抓住机会进行一次额外的产羔，尽量不出现空怀母羊。如果有空怀母羊，即进行一次额外配种。此方式对于个体养羊者是很有效的一种快速产羔方式。

综上所述，一年两产是产羔频率最高、效益最好、实施难度最大的一种，对母羊营养要求也最高，但连续性会受到一定的限制。现实中，一家一户小群养殖的多胎羊大都能做到，但不可能连续数年都能做下去，也许只有少数羊只可以连续两年做到。因为母羊不仅受到营养的限制，而且会受到生理极限的限制，机体及各个生理系统的休养生息需要必要的时间。对规模化羊场而言，由于群体过大、很难做到精细化管理而致实施效果事倍功半、得不偿失。三年四产和三年五产就效果而言，几乎没有明显的经济意义。因为增加的产羔数（0.3~0.5 只/年）与投入相比效益不明显，实施意义不大。相比之下两年三产频密产羔体系要求条件适中、对羊的生理影响较小、实施效果（增加羔羊 1.0~1.5 只/年）和经济效益显著，也与目前我们的饲养管理水平相匹配。

第八章　现代肉羊繁殖障碍疾病

第一节　羊场繁殖疾病综合防治

一、羊场卫生与消毒

1. 羊场卫生

羊喜欢干燥卫生的环境，最怕潮湿的牧地和圈舍。潮湿的环境易使羊发生寄生虫病、腐蹄病或感染其他疾病。要使羊生活得健康、活泼，圈舍最好采用漏缝地板，若用一般地面必须每天及时清除粪尿，垫上干土或其他干燥松软的垫料。尤其在阴雨潮湿的天气，更要随时清除粪尿，打扫圈舍，搞好通风换气，使圈舍始终保持一个干燥、空气新鲜、温度适宜的环境条件。在潮湿和不卫生的环境中，羊表现不安、咩叫、有时食欲下降，易患呼吸道疾病及腐蹄病。

羊喜欢吃干净的饲草，饮清洁的水，宁愿忍饥受渴也不愿吃脏草饮脏水。所以，饲料槽、草架、草筐等用具要经常清洗，保持干净，用后及时清扫余下的饲草、饲料，并将其翻转，以防羊只跳到上面拉粪、尿或卧在上面将其弄脏。饮水槽或饮水盆要每天清洗，还要定期用0.1%的高锰酸钾溶液进行消毒，使其经常保持清洁卫生，经常保持有清洁新鲜的饮水，以便羊随时饮用。

2. 羊场消毒

(1) 消毒剂选用

最好选择非酚类和醛类消毒剂，如氢氧化钠（烧碱）、生石灰、草木灰、漂白粉、过氧乙酸等进行环境消毒，选择酒精、新洁而灭、醋酸氯已定、过氧化氢溶液、高锰酸钾等进行皮肤黏膜消毒。各消毒剂应交替使用。

（2）消毒方法和程序

参照《畜禽产品消毒规范》的要求。羊场消毒方法包括紫外线消毒、喷雾消毒、喷洒消毒、浸泡消毒等。

①紫外线消毒在人员入口处设紫外线灯，要照射5~10 min。

②喷雾消毒用0.5%过氧乙酸、5%~20%漂白粉混悬液，对羊舍、道路及进入场区的车辆消毒。

③喷洒消毒在羊舍周围、场地、羊床下撒生石灰或用20%石灰乳、2%烧碱液进行消毒。

④浸液消毒用0.1%新洁而灭、0.02%醋酸氯己定、5%聚维酮碘等对手臂进行消毒，用0.04%~0.2%过氧乙酸、0.1%新洁而灭等对工作服、胶靴和器械进行消毒。在羊场门口可放置浸透20%石灰乳的垫草进行鞋底消毒。每周更换1~2次。

⑤饮水消毒可用漂白粉对饮水进行消毒，每50 L水加1 g漂白粉。

（3）卫生消毒制度

①每天打扫羊舍卫生，保持料槽、水槽、用具、照明灯泡及舍内其他配套设施的洁净，保持地面清洁。

②定期对地面和料槽、水槽等饲喂用具进行消毒，定期对羊舍空气进行喷雾消毒。在冬季疫病多发季节，应适当增大消毒频率。

③羊场内道路、羊场周围及场内污水池、粪坑、下水道至少每半月消毒1次。

④在羊转舍或售出后，应对空舍和舍内用品进行严格清扫、冲洗、浸泡消毒，并进行地面喷洒消毒。

二、羊场保健措施

1. 定期驱虫

在羊的寄生虫病防治过程中，多采取定期（每年2~3次）预防性驱虫的方式，以避免羊在轻度感染后的进一步发展而造成严重危害。

一般可在每年的2—4月和8—11月各安排1次，这样有利于羊的抓膘、安全越冬和度过春乏期。对于寄生虫严重的地区，在5—6月可再增加1次驱虫，避免冬春季发生体表寄生虫病。

对于母羊，可在产前1个月用1次药（阿维菌素、伊维菌素或丙硫苯咪唑），不仅能驱除母羊体内的寄生虫，也可驱除体表寄生虫。这样既有利于哺乳，也可以减少寄生虫对羔羊的感染。在寄生虫污染严重地区必须在产后 3~4 周进行 1 次驱虫。

驱虫时的注意事项如下。

①在驱虫药物的选择上，应以高效、广谱、低毒、使用方便和价格便宜为原则。但不论选用哪种药物，必须正确合理使用，不宜单一长期使用，以防耐药性的产生。另外，须预先做驱虫试验，在确定药物安全可靠和驱虫效果后，再进行大群驱虫。

②驱虫后 3~5 d 的粪便及排出的虫体，应收集起来进行生物热处理。对集约化养羊场应着重防治原虫病和体外寄生虫病。如条件允许，应对粪便中的寄生虫虫卵定期监测。

③绵羊驱虫前要禁食，但时间不能过长，只要夜间不放不喂，于早晨空腹投药即可。

④驱虫过程中发现病羊，应进行对症治疗，及时解救出现不良反应的羊。

2. 药浴

药浴的目的是预防和治疗羊体外寄生虫病，如羊疥螨、羊虱等。可分为池浴、淋浴和喷雾 3 种药浴方式。在有疥螨病发生的地区，对羊只 1 年可进行两次药浴。一次是治疗性药浴，在春季剪毛后 7~10 d 内进行；另一次是预防性药浴，在夏末秋初进行。冬季对发病羊只，可选择暖和天气进行擦浴。

常用的药浴药物有二嗪磷、溴氰菊酯、氯氰菊酯等。药浴应选择晴朗、暖和、无风天气，在日出后的上午进行，以便药浴后羊毛能较快干燥。药浴液温度应保持在 30℃左右。保证药浴时间（治疗为 3 min，预防为 1 min）和次数（保持 2 次，每次间隔 8~10 d）。药浴要使羊体全漂浮在药液中，并且将头部压洗 5~6 次，做到周身全洗。压洗羊头要固定专人，要做到轻按、猛压、快取、勤扶，这样既洗得彻底，又能保证安全。配药必须使用软水，药浴液使用 2 d 后，如浴羊过多，应及时更换。

药浴的注意事项如下。

①药浴前，应先进行试浴。

②在药浴前 8 h 停止喂料，在入浴前 2~3 h 给羊饮足水，以免羊进入浴池后吞饮药液。

③先让健康羊药浴，有疥癣的最后浴，有外伤的羊暂时不药浴。

④凡妊娠两个月以上的母羊不能进行药浴。

⑤工作人员应戴好口罩和橡皮手套，以防中毒。

三、肉羊疫病控制

羊场应有计划地进行免疫接种和药物预防。免疫接种是激发动物机体产生特异性抵抗力，使易感动物转化为不易感的一种手段，是预防和控制羊传染病的重要措施。根据免疫接种进行的时机不同，可分为预防接种和紧急接种两类。药物预防是为了预防某些疫病，在羊饲料或饮水中加入某种药物进行群体药物预防，在一定时间内可以使受威胁的易感动物不受疫病的危害，这也是预防和控制羊传染病的有效措施之一。

1. 免疫接种

(1) 预防接种

在经常发生某些传染病的地区，或有某些传染病潜在的地区，或受到邻近地区某些传染病经常威胁的地区，为了防患于未然，在平时有计划地给健康羊群进行的免疫接种称为预防接种。预防接种应当有的放矢，应当对各地传染病的发生和流行情况进行调查了解，弄清过去曾发生过哪些传染病，在什么季节流行，针对所掌握的情况，拟定每年的预防接种计划。如果某一地区从未发生过某种传染病，也没有从别处传来的可能性，就没有必要进行该传染病的预防接种。

(2) 紧急接种

在发生传染病时，为了迅速控制和扑灭疫病的流行，而对疫区和受威胁地区尚未发病羊群进行的临时性免疫接种。多年来的实践证明，在疫区内使用某些疫苗进行紧急接种是可行的。在疫区内用疫苗做紧急接种时，必须对所有受到传染威胁的羊群逐只进行详细观察和检查，仅能对正常无病的羊只进行紧急接种，对病羊不能进行紧急接种。紧急接种仅仅在疫区及周围的受威胁地区进行，受威胁区的大小视疫病的种类和性质而定。

值得注意的是，在紧急接种后一段时间内，羊群中发病数反而有增加的可能。这是由于一些外表上正常无病的羊中可能混有一部分潜伏期病羊，这部分病羊在紧急接种疫苗后不能获得保护，反而促使它们更快发病。但由于常见于羊的传染病潜伏期较短，而疫苗接种后又能很快产生抵抗力，因此发病数不久即可下降，最终能使疫病的流行很快停息。

2. 药物预防

(1) 药物的使用方法

用于羊的药物种类很多，各种药物由于其性质和应用目的的不同，有不同的使用方法。如混于饲料、溶于饮水、经口投药、体内注射、体表用药、环境用药等。

（2）常用药物

常用药物包括磺胺类药物（如磺胺嘧啶、磺胺甲基嘧啶、磺胺二甲基嘧啶、磺胺脒、磺胺甲基异恶唑等），抗菌药物（如青霉素、羟氨苄青霉素、土霉素、四环素、新霉素、卡那霉素、红霉素、泰乐菌素、多黏菌素B、制霉菌素、克霉唑等），抗寄生虫药物（如丙硫苯咪唑、吡喹酮、阿维菌素、溴氰菊酯等），抗菌增效剂（如三甲氧苄氨嘧啶、二甲氧苄氨嘧啶），饲料添加剂（如各种维生素、矿物质、氨基酸、抗氧化剂、抗生素、中草药等），微生态制剂（如促菌生、乳康生、调痢生、健复生等），调理性中药（如健胃散）等。

（3）药物预防时的注意事项

根据不同羊群的饲养特点和不同疾病，选用合适的药物种类和使用方法。最好使用经药敏试验测定的敏感药物以及毒副作用小、经济易得的药物，并注意合理配伍用药，切忌使用过期变质的药物，本着高效、方便、经济的原则建立科学的药物体系。多数病原微生物和原虫易形成耐药性，所以用药时间不可过长，且应与其他药物交替使用，预防形成耐药性。

需要特别注意的是，用药时间一定要计划周全，防止出现预防药物的残留。另外，内服应用抗生素、磺胺类药物时，一定要考虑瘤胃内菌群失调的问题。

第二节　肉羊繁殖障碍原因及预防

成羊繁殖障碍的原因错综复杂，总体上可分为先天性和获得性两大类。

一、造成繁殖障碍的原因

1. 先天性繁殖障碍

先天性繁殖障碍是指由于遗传因素、生殖器官的发育异常、配子（精子和卵子）及合子（胚胎）具有某些生物学上的缺陷，而使繁殖能力低下或丧失。

（1）公畜的先天性繁殖障碍

①隐睾症

在正常情况下，睾丸经腹股沟从腹腔落入阴囊。隐睾是睾丸不能正常地下降进入阴囊，可能是双侧性的，但通常以一侧居多。位于腹腔内的隐睾，在动物出生后的生长发育过程中睾丸发育受阻，不仅体积小，而且内分泌和生精功能均受到影响，甚至不产生精子。

②睾丸发育不全

睾丸发育不全是指精细管生殖层的发育不完全。发生于所有家畜，在一些牛群中可高达20%，在一些羊群中可达10%。睾丸发育不全有些是单侧，有些是双侧。一侧性的只有到性成熟时，因两侧睾丸大小不同才被发现。主要表现为精子量少、发育异常，精子对贮存和冷冻的抵抗力低下。

在生产中对患有先天性繁殖障碍的公畜一般采取淘汰，不能作为种用。

(2) 母畜先天性繁殖障碍

①生殖器官发育不全和畸形

母畜生殖器官发育不全主要表现为卵巢和生殖道体积较小，功能较弱或无生殖功能。幼龄动物的生殖器官常常发育不全，即使到达配种年龄也无发情表现，有时虽然发情，但屡配不孕。常见的生殖器官畸形有输卵管伞和输卵管或输卵管和子宫连接处堵塞，子宫角缺失，单子宫角，无宫腔实体子宫角，子宫颈的形状和位置异常，子宫颈闭锁，双子宫颈，以及阴瓣过度发育等。

②雌雄同性

雌雄同性又称两性畸形是指同时具有雌雄两性的部分生殖器官的个体。如某个体的生殖腺一侧为睾丸，另一侧为卵巢；或者两侧均为卵巢和睾丸的混合体即卵睾体，这种现象称为真两性。性腺为一种性别，而生殖道为另一种性别的两性畸形，称为假两性畸形。

③孪生母犊不育症

此种现象主要发生于牛，异性孪生母犊中约有92%患不育症，主要表现为不发情，体型较大，阴门狭小，阴蒂较长，阴道短小，子宫角和子宫颈非常细，甚至没有或呈薄膜状。卵巢极小。乳房极不发达，内无腺体。

④种间杂交

种间杂交的后代往往无生殖能力。对患有上述先天性繁殖障碍的母畜，在生产上一般要淘汰作肉畜处理。

2. 获得性繁殖障碍

获得性繁殖障碍是指由于饲养管理不当、繁殖技术不良、气候水土不服、衰老和疾病等原因造成的繁殖障碍。其中以疾病性繁殖障碍较为多见。

疾病性繁殖障碍是由母羊生殖器官和其他器官的疾病或者功能异常引起

的，不育是这些疾病的一种症状。在人工授精、阴道检查、接产、手术助产及进行其他产科操作处理过程中，消毒不严引起生殖道感染，可以造成疾病性繁殖障碍。除了生殖器官的疾病及功能异常外，许多其他疾病，如心脏疾病、肾脏疾病、消化道疾病、呼吸道疾病、神经疾病、衰弱及某些全身疾病，也可引起卵巢功能不全及持久黄体而导致繁殖障碍；有些传染性疾病和寄生虫病也能引起繁殖障碍。

在调查繁殖障碍的原因时，除了对母羊的生殖器官进行详细的检查外，对母羊的整体也应进行全面的检查，因为繁殖障碍有时仅是机体健康不佳的表现症状。尤其是应对传染性疾病和寄生虫病进行详细检查，以便及时发现并进行治疗。

许多环境因素也是造成繁殖障碍的原因，羊舍温度过高或寒冷等也会引起繁殖障碍。因此，必须改善羊舍环境，及时清理粪便，提供一个健康舒适的生活环境，是保证母羊健康繁殖的前提条件。

二、羊繁殖障碍的预防

对先天性繁殖障碍，大多数羊没有治疗意义，应及时发现及时淘汰或作为育肥处理。对后天性繁殖障碍，主要还是以预防为主，应从饲养员、兽医、繁殖技术员等多方面着手，结合造成繁殖障碍的原因，采取相应的治疗措施。

1. 饲养方面

营养水平对羊只的繁殖影响极大。种公羊在配种季节与非配种季节均应给予全价的营养物质，因为对公羊而言，良好的种用体况是基本的饲养要求。实践中可能重视配种季节的饲养管理，而放松对非配种季节的饲养和管理，结果往往造成在配种季节到来时，公羊的性欲、采食量、精液品质等均不理想，轻者影响当年配种能力，重者影响公羊的生殖，造成繁殖障碍。种公羊种用体况并不是指公羊膘情越肥越好。公羊良好种用体况的标志应该是：性欲旺盛，接触母羊时有强烈的交配欲；体力充沛，喜欢与同群或异群羊只挑逗打闹；行动灵活，反应敏捷；射精量大，精液品质好。

母羊的营养状况具有明显的季节性。从季节方面来说，枯草期和青草期是很不相同的；从母羊的生理状态来说，妊娠母羊、哺乳母羊及断奶后恢复期的母羊，它们的营养情况也很不相同。对营养中下等和瘦弱的母羊要在配种前1个月给予必要的补饲。肉羊生产中应做到对妊娠后期及哺乳期母羊进行良好的饲养管理，以提高羊群的繁殖力。因为草料不足，饲料单一，尤其是缺少蛋白质和维生素，是羊只不发情的主要原因。

为了合理利用饲料，科学养育，使母羊正常发情和繁殖，防止母羊不孕症的发生，尤其是农村散养户应该做到以下几点。

（1）抓紧夏秋有利时机，大量收集青干草和树叶

此类野生饲料含有较丰富的蛋白质和羊繁殖所需要的维生素，应于割青季节，赶在青草生长旺盛、尚未衰老之际，适时收割、晒干、贮存，以备冬春喂用。

（2）大力推广青贮饲料

夏秋季节不失时机地收集玉米秸、甘薯秧、花生秧和青草等制作青贮饲料、能有效地保存青饲料中的各种营养，以确保母羊的正常繁殖能力。

（3）大力制作氨化饲料

冬春季如果饲喂氨化饲草，不仅可节约部分精饲料，又能使母羊不掉膘，促进其正常发情和繁殖。

2. 管理方面

在母羊的繁殖障碍中，由于管理不当引起的占很大的比例，因此改善管理措施是有效防治繁殖障碍的一个重要方面，需要饲养员、繁殖技术员和兽医认真负责，相互配合，发挥主动作用。

（1）重视后备母羊的饲养

对后备母羊必须提供足够的营养物质和平衡饲粮，及时进行疫病预防和驱虫，保证健康成长，以便按时出现有规律的发情周期。

（2）严格执行卫生措施

在对母羊进行阴道检查、人工授精及分娩时，一定要严格消毒，尽量防止发生生殖道感染；对影响繁殖的传染性疾病和寄生虫病要及时预防和治疗；新进母羊应隔离观察 1 个月时间，并进行检疫和预防接种。

（3）完善繁殖记录

对每只母羊都应该有完整准确的繁殖记录，耳标应清晰明了，便于观察。繁殖记录表格简单实用，可使饲养员能将观察的情况及时、准确地进行记录，包括羊的发情、发情周期的情况、配种，妊娠情况、生殖器官的检查情况、父母亲代资料、后代情况、预防接种及药物使用，以及分娩、流产的时间及健康状况。

第三节　羊常见繁殖障碍病防治

一、流产

流产又称为妊娠中断，是指由于胎儿或母体的生理过程发生紊乱，或它们之间的正常关系受到破坏，而导致的妊娠中断。

1. 病因及分类

流产的类型极为复杂，可以概括分为3类，即传染性流产、寄生虫性流产和普通流产（非传染性流产或散发性流产）。

（1）传染性和寄生虫性流产

传染性和寄生虫性流产主要是由布鲁氏菌、沙门氏菌、绵羊胎儿弯杆菌、衣原体、支原体、边虫病及寄生虫等传染病引起的流产。这些传染病往往是侵害胎盘及胎儿引起自发性流产，或以流产作为一种症状，而发生症状性流产。

（2）普通流产（非传染性流产）

普通流产又有自发性流产和症状性流产。自发性流产主要是胚胎或胎盘胎膜异常导致的流产，是由内因引起；症状性流产主要是由于饲养管理不当，损伤及医疗错误引起的流产，属于外因造成的流产。

2. 诊断

引起流产的原因是多种多样的，各种流产的症状也有所不同。除了个别病例的流产在刚一出现症状时可以试行制止阵缩以外，大多数流产一旦有所表现，往往无法阻止。尤其是群牧羊只，流产常常是成批的，损失严重。因此，在发生流产时，除了采用适当治疗方法，以保证母羊及其生殖道的健康以外，还应对整个羊群的情况进行详细调查分析，观察排出的胎儿及胎膜，必要时采样进行实验室检查，尽量做出确切的诊断，然后提出有效的具体预防措施。

调查材料应包括饲养放牧条件及制度（确定是否为饲养性流产）；管理及生产情况，是否受过伤害、惊吓，流产发生的季节及天气变化（损伤性及管理性流产）；母羊是否发生过普通病、羊群中是否出现过传染性及寄生虫性疾病；以及治疗情况如何，流产时的妊娠月份，母羊的流产是否带有习惯性等。

对排出的胎儿及胎膜，要进行细致观察，注意有无病理变化及发育反常。在普通流产中，自发性流产表现有胎膜上的反常及胎儿畸形；霉菌中毒可以使羊膜发生水肿、皮革样坏死，胎盘也水肿、坏死并增大。由于饲养管理不当、损伤及母羊疾病、医疗事故引起的流产，一般都看不到明显变化。有时正常出生的胎儿，胎膜上出现有钙化斑等异常变化。

传染性及寄生虫性因素引起的流产，胎膜及（或）胎儿常有病理变化。例如，因布鲁氏菌病引起流产的胎膜及胎盘上常有棕黄色黏脓性分泌物，胎盘坏死、出血，羊膜水肿并有皮革样的坏死区；胎儿水肿，胸腹腔内有淡红色的浆液等。上述流产后常发生胎衣不下。具有这些病理变化时，应将胎儿（不要打开，以免污染）、胎膜以及子宫或阴道分泌物送实验室诊断检验，有条件时应对母羊进行血清学检查。症状性流产，则胎膜及胎儿没有明显的病理变化。对于传染性的自发性流产，应将母羊的后躯及所污染的地方彻底消毒，并将母羊隔离饲养。

3. 预防

加强饲养管理，增强母羊营养，除去容易造成母羊流产的因素是预防的关键。当发现母羊有流产预兆时，应及时采取制止阵缩及努责的措施，可注射镇静药物，如苯巴比妥、水合氯醛、黄体酮等进行保胎。用疫苗进行免疫，特别是可引起流产的传染病疫苗。

制定一个生物安全方案，引进的羊群在合群之前，隔离 1 个月；保持好的身体状况，提供充足的饲料，高质量的维生素、矿物质盐混合物、使羊体储备一些能量和蛋白质，以备紧急情况下使用；在流行地区分娩前 4 个月和 2 个月分别免疫衣原体和弧菌病（可能还有其他疾病），如果以前免疫过，免疫 1 次即可；妊娠期间，可饲喂四环素（200～400 mg/d），将药物混在矿物质混合物中。

避免与牛和猪接触，饲料和饮水不被粪尿污染，不要将饲料放到地上，减少鼠、鸟和猫的数量。发生流产后，立即将胎儿的样品（包括胎盘）送往实验室诊断。将出产的羔羊和买来的母羊与其他羊分开饲养。发生流产后立即做出反应（诊断、处理流产组织，隔离流产母羊，治疗其他羊只），使羊群尽量生活在一个干净，应激少，宽松的环境。

4. 治疗

首先应确定造成流产的原因以及能否继续妊娠，再根据症状确定治疗方案。

（1）先兆流产

妊娠母羊出现腹痛、起卧不安、呼吸脉搏加快等临床症状，即可能发生流产。处理的原则为安胎，应使用抑制子宫收缩的药物，可采用如下措施。

肌内注射孕酮 10～30 mg，每日或隔日 1 次，连用数次。为防止习惯性流产，也可在妊娠的一定时间使用孕酮。还可注射 1%硫酸阿托品注射液 1～2 mL。同时，要给以镇静药，如溴剂等。此时禁止进行阴道检查，以免刺激母羊。

如经上述处理，病情仍未稳定下来，阴道排出物继续增多，起卧不安加剧，应立即进行阴道检查，如子宫颈口已经开放，胎囊已进入阴道或已破水，流产已难避免，应尽快促使子宫排出内容物、以免死亡胎儿腐败引起母羊子宫内膜炎，影响以后繁殖性能。

如子宫颈口已经开大，可用手将胎儿拉出。流产时，胎儿的位置及姿势往往反常，如胎儿已经死亡，矫正遇有困难，可以做截胎术。如子宫颈口开张不大，手不易伸入。可参考人工引产中所介绍的方法，促使子宫颈开放，并刺激子宫收缩，对于早产胎儿，如有吮乳反射，可尽量加以挽救，帮助吮乳或人工喂奶，并注意保暖。

（2）延期流产

如胎儿发生干尸化，可先用前列腺素及其类似物制剂、前列腺素肌内注射 0.5 mg 或氯前列烯醇肌内注射 0.1 mg；继之或同时应用雌激素，溶解黄体并促使子宫颈扩张。同时，因为产道干涩，应在子宫及产道内涂以润滑剂，以便子宫内容物易于排出。

对于干尸化胎儿，由于胎儿头颈及四肢蜷缩在一起，且子宫颈开放不大，必须用一定力量或预先截胎才能将胎儿取出。

如胎儿浸溶，软组织已基本液化，须尽可能将胎骨逐块取净。分离骨骼有困难时，须根据情况先将其破拆后再取出。操作过程中，术者须防止自己受到感染。

取出干尸化及浸溶胎儿后，因为子宫中留有胎儿的分解组织，必须用消毒液或生理盐水冲洗子宫，并注射子宫收缩药，促使液体排出。对于胎儿浸溶，因为有严重的子宫炎及全身变化，必须在子宫内放入抗生素，并须特别重视全身抗生素治疗，以免造成不育。

二、难产

难产的发病原因比较复杂，基本上可以分为普通病因和直接病因两大类。普通病因指通过影响母体或胎儿而使正常的分娩过程受阻。引起难产的普通病因主要包括遗传因素、环境因素、内分泌因素、饲养管理因素、传染性因素及外伤因素等。直接病因指直接影响分娩过程的因素。由于分娩的正常与否主要取决于产力、产道及胎儿3个方面，因此难产按其直接原因可以分为产力性难产、产道性难产及胎儿性难产3类，其中前两类又可合称为母体性难产。

1. 助产的基本原则

在手术助产时，必须遵循以下基本原则。

（1）及早发现，果断处理

当发现难产时，应及早采取助产措施。助产越早，效果越好。难产病例均应做急诊处理，手术助产越早越好，尤其是剖宫产术。

（2）术前检查

拟订方案术前检查必须周密细致，根据检查结果，结合设备条件，慎重考虑手术方案的每个步骤及相应的保定、麻醉等，通常的保定是使母羊成为前低后高或仰卧（有时）姿势，把胎儿推回子宫内进行矫正，以便利操作。

（3）如果胎膜未破，最好不要弄破胎膜进行助产

如胎儿的姿势、方向、位置复杂时，就需要将胎膜穿破，及时进行助产。在胎膜破裂时间较长，产道变干，就需要注入液状石蜡或其他油类，以利于助产手术的进行。

（4）注意尽量保护母羊生殖道，使其受到最小损伤

将刀子、钩子等尖锐器械带入产道时，必须用手保护好，以免损伤产道。进行手术助产时，所有助产动作都不要过于粗鲁。一般来说，只要不是胎儿过大或母体过度疲乏，仅仅需要将胎儿向内推，矫正反常部分，即可自然产出。如果需要人力拉出，也应缓缓用力，使胎儿的拉出与自然产出一样。同时，重视发挥集体力量。

2. 助产前的准备

（1）术前检查

询问羊分娩的时间，是初产或经产，看胎膜是否破裂，有无羊水流出，检查全身状况。

（2）保定母羊

一般使羊侧卧，保持安静，前躯低、后躯稍高，以便于矫正胎位。

（3）消毒

对手臂、助产用具进行消毒，对阴门外周，用0.5%新洁尔灭溶液进行清洗。

（4）产道检查

注意产道有无水肿、损伤、感染，产道表面干燥和湿润状态。

（5）胎位、胎儿检查

确定胎位是否正常，判断胎儿死活。胎儿正产时，手入阴道可摸到胎儿嘴巴、两前肢中间夹着胎儿的头部；当胎儿倒生时，手入产道可触到胎儿尾巴、臀部、后肢及脐动脉。以手指压迫胎儿，如有反应表示胎儿存活。

3. 助产的方法

（1）常见难产部位

有头颈侧弯、头颈下弯、前肢腕关节屈曲、肩关节屈曲、肘关节屈曲、胎儿下位、胎儿横向和胎儿过大等；可按不同的异常产位将其矫正，然后将胎儿拉出产道。多胎羊只，应注意怀羔数目，在助产中认真检查，直至将胎儿全部产出，方可将母羊归群。

（2）阵缩及努责微弱的处理

可皮下注射垂体后叶素、麦角碱注射液1~2 mL。必须注意，麦角制剂只限于子宫颈完全开张，胎势、胎位及胎向正常时方可使用，否则易引起子宫破裂。

羊怀双羔时，可遇到双羔同时各将一肢伸出产道，形成交叉。由此形成的难产，应分清情况，可触摸腕关节确定前肢，触摸跗关节确定后肢。确定难产羔羊体位后，可将一只羔羊的肢体推回腹腔，先整顺一只羔羊的肢体，将其拉出产道。随后再将另一只羔羊的肢体整顺拉出。切忌将两只羔羊的不同肢体，误认为同一只羔羊的肢体，施行助产。

（3）剖宫产

剖宫产术是在发生难产时，切开腹壁及子宫壁面从切口取出胎儿的手术。子宫颈开张不全或子宫颈闭锁，胎儿不能产出，或骨骼变形，致使骨盆腔狭窄，胎儿不能正常通过产道，在此情况下，可进行剖宫产术，急救胎儿，保护母羊安全。如果母羊全身情况良好，手术及时，则有可能同时救活母羊和胎儿。但在母羊有腹膜炎、子宫炎和子宫内有腐败胎儿，母羊因为难产时间长久而十分衰竭时，严禁进行剖宫产。

①术前准备。在右肷部手术区域（由髋结节到肋骨弓处）剪毛、剃光，然后用温肥皂水洗净擦干。保定消毒，使羊卧于左侧保定，用碘酊消毒皮肤，然后盖上手术巾，准备施行手术。麻醉，可以采用合并麻醉或电针麻醉。合并麻醉是口服酒精做全身麻醉，同时对术区进行局部麻醉。口服的酒精应稀释成40%，每10千克体重按35~40 mL计算（也可用白酒，用量相同）。局部麻醉是用0.5%普鲁卡因注射液沿切口做浸润麻醉，用量根据需要而定。电针麻醉，取穴百会及六脉。百会穴接阳极，六脉穴接阴极。诱导时间为20~

40 min。针感表现是腰臀肌颤动，肋间肌收缩。

②手术过程。开腹：沿腹内斜肌纤维的方向切开腹壁。切口应距离髋结节10~12 cm。在切开线上的血管用钳夹法和结扎法进行止血。显露腹腔后，术者手经切口伸入腹腔内，探查胎儿的位置及与切口最近的部位，以确定子宫切开的方法。

显露子宫：术者手经切口向骨盆方向入手，找到大网膜的网膜上隐窝，用手拉着网膜及其网膜上隐窝内的肠管，向切口的前方牵引，使网膜及肠管移入切口前方，并用生理盐水纱布隔离，以防网膜和肠管向后移位，此时切口内可充分显露子宫及其子宫内的胎儿。当网膜不能向前方牵引时，可将大网膜切开，再用生理盐水纱布将肠管向前方隔离后，显露子宫。

切开子宫：术者将手伸入腹腔，转动子宫，使孕角的大弯靠近腹壁切口。然后切开子宫角，并用剪刀扩大切口长度。切开子宫角时，应特别注意，不可损伤子叶和分布到子叶的大血管。为了确定子叶的位置，在切开子宫时，要始终用手指伸入子宫来触诊子叶。对于出血很多的大血管，要用肠线缝合或结扎。

吸出胎水：在术部铺一层消毒的手术巾，以钳子夹住胎膜，在上面做一个很小的切口，然后插入橡皮管，通过橡皮管用橡皮球或大注射器吸出羊水和尿水。

拉出胎儿：待羊水放完后，术者手伸入子宫腔内，抓住胎儿的肢体，缓慢地向子宫切口外拉出，拉出胎儿需术者与助手相互配合好，严防在拉出胎儿时导致子宫壁的撕裂，严防肠管脱出腹腔外。在胎儿从子宫内拉出的瞬间，告诉在场的人员用两手掌压迫右腹部以增大腹内压，以防胎儿拉出后由于腹内压的突然降低而引起脑贫血、虚脱等意外情况的发生。拉出胎儿后，若胎儿还存活，交畜主去护理。术者与助手立即拎起子宫壁切口，剥离胎膜，并尽量将胎膜剥离下来，若胎膜与子宫壁结合紧密不好剥离时，也可不剥离。用生理盐水冲洗子宫壁及子宫腔，除去子宫腔内的血凝块及胎膜碎片、冲洗子宫壁上的污物后，向子宫腔内撒入青霉素，进行子宫壁切口的缝合。

对于拉出的胎儿，首先要除去口、鼻内的黏液，擦干皮肤。看到发生几次深吸气以后，再结扎和剪断脐带。假如没有呼吸反射，应该在结扎以前用手指压迫脐带，直到脐带的脉搏停止为止。此法配合按压胸部和摩擦皮肤，通常可以引起吸气。在出现吸气之后，剪断脐带，交给其他助手进行处理。

剥离胎衣：在取出胎儿以后，应进行胎衣剥离。剥离往往需要费很多时间，颇为麻烦。但与胎衣留在子宫内所引起的不良后果相比，还是非常必要而不可省略的操作。

为了便于剥离胎衣，在拉出胎儿的同时，应该静脉注射垂体后叶素或皮下注射麦角碱，如果在子宫腔内注满5%~10%氯化钠溶液，停留1~2 min，也有利于胎衣的剥离。最后，将注射的液体用橡皮管排出来。

冲洗子宫：剥完胎衣之后，用生理盐水将子宫切口周围充分冲洗干净。如果切口边缘受到损伤，应该切去损伤部，使其成为新伤口。

缝合子宫：第一层用连续康乃尔氏缝合，缝合完毕，用生理盐水冲洗子宫，再转入第二层的连续伦巴特缝合。缝毕，再使用生理盐水冲洗子宫壁，清理子宫壁与腹壁切口之间的填塞纱布后，将子宫还纳回腹腔内。

缝合腹壁：拉出胎儿后，腹内压减小了，腹壁切口都比较好闭合，若手术中间因瘤胃臌气使腹内压增大闭合切口十分困难时，应通过瘤胃穿刺放气减压或插胃管瘤胃减压后再闭合腹壁切口。第一层对腹膜、腹横肌进行连续缝合，第二层腹直肌连续缝合，第三层结节缝合腹黄筋膜，最后对皮肤及皮下组织进行结节缝合，并做好结系绷带。

③术后护理。肌内注射青霉素，静脉注射5%糖盐水。必要时应注射强心药。保持术部的清洁，防止感染化脓。经常检查病羊全身状况，必要时应施行适当的对症疗法。如果伤口愈合良好，手术10 d以后即可拆除缝合线；为防止创口裂开，最好先拆一针留一针，3~4 d后将其余缝线全部拆除。

④预后。绵羊的预后比山羊好。手术进行越早，预后越好。

三、胎衣不下

胎儿出生以后，母羊排出胎衣的正常时间，绵羊为3.5（2~6）h，山羊为2.5（1~5）h，如果在分娩后超过14 h胎衣仍不排出，即称为胎衣不下。此病在山羊和绵羊都可发生。

1. 病因

该病多因妊娠母羊饲养管理不当，饲料中缺乏矿物质、维生素，运动不足，体质瘦弱或过度肥胖，羊水过多，怀羔数过多，饮喂失调等，均可造成子宫收缩力量不足，使羔羊胎盘与母体胎盘粘在一起而致发病。此外，子宫炎、胎膜炎，布鲁氏菌病也可引起胎衣不下。发病的直接原因包括2大类。

（1）产后子宫收缩不足

子宫因多胎、胎水过多、胎儿过大以及持续排出胎儿而伸张过度；饲料的质量不好，尤其当饲料中缺乏维生素、钙盐及其他矿物质时，容易使子宫发生弛缓；妊娠期（尤其在妊娠后期）中缺乏运动或运动不足，往往会引起子宫弛缓，致使胎衣排出很缓慢；分娩时母羊肥胖，可使子宫复旧不全，因而发生胎衣不下；流产和其他能够降低子宫肌肉和全身张力的因素，都能使子宫收缩不足。

（2）胎儿胎盘和母体胎盘发生愈合

患布鲁氏菌病的母羊常因此而发生胎衣不下，其原因是妊娠期子宫内膜发炎，子宫黏膜肿胀，使绒毛固定在凹穴内，即使子宫有足够的收缩力，也不容易让绒毛从凹穴内脱出来；当胎膜发炎时，绒毛也同时肿胀，因而与子宫黏膜紧密粘连，即使子宫收缩，也不容易脱离。

2. 症状

胎衣可能全部不下，也可能是一部分不下。未脱下的胎衣经常垂吊在阴门之外。病羊拱背，时常努责，有时努责剧烈，如果胎衣能在 14 h 以内全部排出，多半没有并发症。但若超过 1 d，则胎衣会发生腐败，尤其是天气炎热时腐败更快。从胎衣开始腐败起，母羊即因腐败产物引起中毒，而使其精神不振，食欲减少，体温升高，呼吸加快，泌乳量降低或泌乳停止，并从阴门中排出恶臭的分泌物。由于胎衣压迫阴道黏膜，可能使其发生坏死。此病往往并发败血症、破伤风或气肿疽，或者造成子宫或阴道的慢性炎症。如果羊只不死，一般在 5～10 d 内，全部胎衣发生腐烂而脱落。山羊对胎衣不下的敏感性比绵羊强。

3. 诊断

病羊常表现弓腰努责，食欲减少或废绝，精神较差，喜卧地、体温升高，呼吸及脉搏增快，胎衣久久滞留不下，可发生腐败，从阴门中流出污红色腐败恶臭的恶露，其中掺杂有灰白色未腐败的胎衣碎片或脉管。当全部胎衣不下时，部分胎衣从阴门中垂露于跗关节部。

胎衣不下的母羊治疗不及时，往往并发子宫内膜炎、子宫颈炎、阴道炎等一系列生殖器官疾病，重者因转为败血症而死亡。产后发情及受胎时间延迟，甚至丧失受胎能力，有的受胎后容易流产，并发瘤胃弛缓、积食及臌胀等疾病。

4. 预防

该病的预防方法主要是加强妊娠母羊的饲养管理：饲料的配合应不使妊娠母羊过肥为原则，每天必须保证适当的运动。

5. 治疗

在产后 14 h 以内，可待胎衣自行脱落。如果超过 14 h，必须采取适当措施，因为这时胎衣已开始腐败，假若再滞留在子宫中，可以引起子宫黏膜的严重发炎，导致暂时的或永久的不受胎，有时甚至引起败血症。病羊分娩后不超过 24 h 的，可应用垂体后叶素注射液、缩宫素注射液或麦角碱注射液 0.8~1 mL，一次肌内注射。超过 24 h 的，应尽早采用以下方法进行治疗，绝不可强拉胎衣，以免扯断而将胎衣留在子宫内。

（1）手术剥离胎衣

先用消毒液洗净外阴部和胎衣，再用鞣酸酒精溶液冲洗和消毒术者手臂，并涂以消毒软膏，以免将病原菌带入子宫。如果手上有小伤口或擦伤，必须预先涂擦碘酊，贴上胶布。用一只手握住胎衣，另一只手送入橡皮管，将 0.1% 高锰酸钾温溶液注入子宫。手伸入子宫，将绒毛膜从母体子叶上剥离下来。剥离时，由近及远。先用中指和拇指捏挤子叶的蒂，然后设法剥离盖在子叶上的胎膜。为了便于剥离，事先可用手指捏挤子叶。剥离时应当小心，因为子叶受到损伤时可以引起大量出血，并为微生物的进入开放门户，容易造成严重的全身症状。

（2）皮下注射缩宫素

羊的阴门和阴道较小，只有手小的人才能进行胎衣剥离。如果将手勉强伸入子宫，不但不易进行剥离操作，反而有损伤产道的危险，故当手难以伸入时，只有皮下注射缩宫素 1~3 IU（注射 1~3 次，间隔 8~12 h）。如果配合用温的生理盐水冲洗子宫，收效更好。为了排出子宫中的液体，可以将羊的前肢提起。

（3）及时治疗败血症

如果胎衣长久停留，往往会发生严重的产后败血症。其特征是体温升高，食欲消失，反刍停止。脉搏细而快、呼吸快而浅；皮肤冰凉（尤其是耳朵、乳房和角根处）。喜卧下，对周围环境十分淡漠；从阴门流出污褐色恶臭的液体。遇到这种情况时，应该及早进行治疗。

①肌内注射抗生素。青霉素 40 万 IU，每 6~8 h 一次。

②静脉注射四环素。将四环素 50 万 IU，加入 5% 葡萄糖注射液 100 mL 中注射，每天 2 次。

③用 1% 食盐水冲洗子宫，排出盐水后注入子宫青霉素 40 万 IU，每天 1 次，直至痊愈。

④10%~25% 葡萄糖注射液 300 mL，40% 乌洛托品注射液 10 mL，静脉注

射，每天 1~2 次，直至痊愈。

⑤中药可用当归 9 g，白术 6 g，益母草 9 g，桃仁 3 g，红花 6 g，川芎 3 g，陈皮 3 g，共研细末，开水冲调，候温灌服。

结合临床表现，及时进行对症治疗，如给予健胃药、缓泻药、强心药等。

四、生产瘫痪

生产瘫痪又称乳热症或低钙血症，是急性而严重的神经疾病。其特征为咽、舌、肠道和四肢发生瘫痪，失去知觉。此病主要见于成年母羊，发生于产前或产后数日内，偶尔见于妊娠的其他时期。山羊和绵羊均可患病，但以山羊比较多见。尤其在 2~4 胎的某些高产奶山羊，几乎每次分娩以后都重复发病。

1. 病因

舍饲、产奶量高及妊娠末期营养良好的羊只，如果饲料营养过于丰富，都可成为发病的诱因。由于血糖和血钙降低，以致调节过程不能适应，变为低钙状态，而引起发病。

2. 症状

最初症状通常出现于分娩之后，少数的病例，见于妊娠末期和分娩过程。病羊表现为衰弱无力。病初精神抑郁，食量减少，反刍停止，后肢软弱，步态不稳，甚至摇摆。有的绵羊弯背低头，蹒跚走动。由于发生战栗和不能安静休息，呼吸常见加快。这些初期症状维持的时间通常很短，管理人员往往注意不到。此后羊站立不稳，在企图走动时跌倒。有的羊倒后起立很困难。有的不能起立，头向前直伸，不吃，停止排粪和排尿。皮肤对针刺的反应很弱。

少数羊知觉完全丧失，发生极明显的麻痹症状；张口伸舌，咽喉麻痹。针刺皮肤无反应。脉搏先慢而弱，以后变快，勉强可以摸到；呼吸深而慢；病的后期常常用嘴呼吸，唾液随着呼气吹出，或从鼻孔流出食物。病羊常呈侧卧姿势，四肢伸直，头弯于胸部，体温逐渐下降，有时降至 36℃；皮肤、耳朵和角根冰凉，很像濒死状态。有些病羊往往死于没有明显症状的情况下，如有的绵羊在晚上表现健康，而翌晨却见死亡。

3. 诊断

精确的诊断方法是分析血液样品。但由于产程很短，必须根据临床症状的观察进行诊断。乳房通风及注射钙剂效果显著，亦可作为本病的诊断依据。

4. 预防

①喂给富含矿物质的饲料，单纯饲喂富含钙质的混合精饲料，似乎没有预

防效果，假若同时给予维生素 D，则效果较好。

②产前应保持适当运动，但不可运动过度，因为过度疲劳反而容易引起发病。

③药物预防，对于习惯性发病的羊，于分娩之后，及早应用下列药物进行预防注射：5%氯化钙注射液 40~60 mL，25%葡萄糖注射液 80~100 mL，10%安钠咖注射液 5 mL 混合，一次静脉注射。

5. 治疗

（1）药物治疗

静脉或肌内注射 10%葡萄糖酸钙注射液 50~100 mL，或者应用下列处方：5%氯化钙注射液 60~80 mL，10%葡萄糖注射液 120~140 mL，10%安钠咖注射液 5 mL 混合，一次静脉注射。

（2）乳房送风法

利用乳房送风器送风。没有乳房送风器时，可以用打气筒代替。送风步骤如下。①使羊稍呈仰卧姿势、挤出少量的乳汁。②用酒精棉球擦净乳头，尤其是乳头孔。然后将煮沸消毒过的导管插入乳头中，通过导管打入空气，直到乳房中充满空气为止。用手指叩击乳房皮肤时有鼓响音时，为充满空气的标志。在乳房的两半中都要注入空气。③为了避免送入的空气外逸，在取出导管时，应用手指捏紧乳头，并用纱布绷带轻轻地扎住每一个乳头的基部。经过 25~30 min 将绷带取掉。④将空气注入乳房各叶以后，小心按摩乳房数分钟。然后使羊四肢蜷曲伏卧、并用草束摩擦臀部、腰部和胸部，最后盖上麻袋或布块保温。⑤注入空气以后，可根据情况考虑注射 50%葡萄糖注射液 100 mL。⑥如果注入空气后 6 h 情况并不改善，应重复做乳房送风。

五、卵巢囊肿

卵巢囊肿是指卵巢上有卵泡状结构，存在的时间在 10 d 以上，同时卵巢上无正常黄体结构的一种病理状态。这种疾病一般又分为卵泡囊肿和黄体囊肿两种。

1. 症状

羊发生卵巢囊肿的症状按外部表现可分为慕雄狂和乏情两类。慕雄狂母羊，一般经常表现无规律的、长时间或连续性的发情症状，表现不安；乏情的羊表现则为长时间不出现发情现象，有时可长达数月，因此常被误认为是已妊娠。有些羊在表现一两次正常的发情后转为乏情；有些则在病的初期乏情，后期表现为慕雄狂；也有些患卵巢囊肿的羊先表现慕雄狂的症状，而后转为乏情。

2. 治疗

卵巢囊肿的治疗方法种类繁多，其中大多数是通过直接促使黄体退化而使母羊恢复发情周期。但应注意，此病是可以自愈的，具有促黄体素生物活性的各种激素制剂已被广泛用于治疗卵巢囊肿。

（1）加强饲养管理

改变日粮结构，饲料中补充维生素 A。

（2）激素疗法

①肌内或皮下注射绒毛膜促性腺激素或促黄体素 500～1 000 IU；②注射促排卵 3 号（LRH-A）4～6 mg，促使卵泡囊肿黄体化。然后皮下或肌内注射前列腺素溶解黄体，即可恢复发情周期；③肌内注射孕酮 5～10 mg，每天 1 次，连用 5～7 d，效果良好。孕酮的作用除了能抑制发情外，还可以通过负反馈作用抑制丘脑下部促性腺激素释放激素的分泌，内源性地使性兴奋及慕雄狂症状消失；④可用前列腺素及其类似物进行治疗，促进黄体尽快萎缩消退，从而诱导发情；⑤人工诱导泌乳，此法对乳用山羊是一种最为经济的办法。

六、子宫内膜炎

羊子宫内膜炎主要是由某些病原微生物感染而发生，可能成为显著的流行病。

1. 病因

造成羊子宫内膜炎的主要原因是繁殖管理不当，常见的原因如下。

①配种时消毒不严，基层配种站和个体种羊户，在本交配种时对种公羊的阴茎和母羊外阴部不清洗、不消毒或清洗消毒不严；人工授精时对所用器械消毒不严格，或用同一支输精管，不经消毒而给多头母羊输精。

②分娩时造成子宫阴道黏膜损伤和感染，农村母羊产羔多无产房，又无清洗母羊后躯的习惯，加上一些助产人员接产时不注意清洗消毒手臂和工具，母羊分娩时阴道外露受到污染，或将粪渣、草屑、灰尘黏附于阴道壁上，分娩后阴道内收，将污物带进体内，有时甚至子宫外翻受污，也不进行清洗消毒，致使子宫、阴道受到感染。

③人工授精技术不熟练，在对母羊进行人工授精时，技术人员操作不熟练、操作时间过长，刺伤母羊的子宫颈，造成大面积的子宫颈炎和子宫颈糜

烂，继而引发子宫内膜炎。

④对患有子宫、阴道疾病的母羊，不经过检查，即让健康种公羊与其交配，后让这只公羊与其他健康母羊交配，造成生殖道疾病的进一步散播。

⑤流产、胎死腹中腐败，阴道或子宫脱出，胎衣不下，子宫损伤，子宫复旧不全及子宫颈炎，未能及时治疗和处理，因而继发和并发子宫、阴道疾病。

⑥饮用污水感染常给母羊饮用池塘、污水坑等污染的水。

⑦冲洗子宫时使用的消毒性或腐蚀性药液浓度过大，使阴道及子宫黏膜受到损伤。

⑧某些传染病（如布鲁氏菌病、寄生虫病）也可引起子宫疾病。

2. 症状

根据症状可将子宫内膜炎分为急性子宫内膜炎、慢性卡他性子宫内膜炎、慢性卡他性脓性子宫内膜炎、慢性脓性子宫内膜炎、慢性隐性子宫内膜炎、子宫积液和子宫蓄脓。

（1）急性子宫内膜炎

急性子宫内膜炎多因羊分娩过程中，接产人员手臂、助产器具和母羊外阴部未进行消毒或消毒不严格而被细菌感染，尤其在难产、子宫或阴道脱出、胎衣不下时发生较多。母羊全身症状表现不明显，有时体温稍有升高，食欲减退，拱背努责，常做排尿姿势。产后几日内不断从阴门排出大量白色、灰白色、黄色或茶褐色的恶臭脓液。如胎衣滞留或子宫内有腐败时，常排出带脓血、腐臭味的巧克力色分泌物。当母羊卧下时排出更多，常在其尾根及后肢关节处结痂。阴道检查时有疼痛感。

（2）慢性卡他性子宫内膜炎

母羊患慢性卡他性子宫内膜炎时，子宫黏膜松软增厚，一般无全身症状，发情周期正常，但屡配不孕。阴道检查时，子宫颈口开张，子宫颈黏膜松弛、充血；阴道黏膜充血或无变化；由阴道流出白色、灰白色或浅黄色的黏稠渗出物，发情时阴道流出的渗出液明显增多，且较稀薄不透明；输精或阴道检查时，可经输精管或开膣器流出大量稀薄的黏液。

（3）慢性卡他脓性子宫内膜炎

临床较为多见，其症状与慢性卡他性子宫内膜炎相似，子宫黏膜肿胀，剧烈充血和淤血，有脓性浸润，上皮组织变性、坏死、脱落，有时子宫黏膜有成片肉芽组织瘢痕，可能形成囊肿。病羊出现全身症状，精神不振，体温升高，食欲减退，逐渐消瘦。阴道检查时，可发现阴道及子宫颈部充血、肿胀，黏膜上有脓性分泌物。

（4）慢性脓性子宫内膜炎

经常由阴道排出灰白色、黄白色或褐色浑浊黏稠的脓液，带有腥臭气味，发情时排出更多。尾根、阴门周围及后腿内侧被污染处，长时间后变成灰黄色发亮的脓痂。发情周期紊乱。夏秋季常有苍蝇随患病羊飞行或爬在阴门、尾巴上。多数母羊出现体温升高、食欲减退、逐渐消瘦等全身症状。

（5）慢性隐性子宫内膜炎

子宫本身不发生形态学上的变化、平时很难从外部发现其任何症状，一般也无病理变化。发情周期正常，但屡配不孕。取阴道深部分泌物，用广范试纸进行试验，如精液浸湿的试纸 pH 值在 7 以下，怀疑为隐性子宫内膜炎。慢性隐性子宫内膜炎虽无明显的临床症状，但在子宫内膜炎中占比例相当高，因其无明显症状，常不被人注意。

（6）子宫积液

子宫积液是因为变性的子宫腺体分泌功能增强，分泌物增多；同时，子宫颈粘连或肿胀，使子宫颈受到堵塞，使子宫内的液体不能排出。有时是因每次发情时，分泌物不能及时排出，逐渐积聚起来而形成的；也有的是因子宫弛缓，收缩无力，发情时分泌的黏液潴留而造成的。病羊往往表现不发情，当子宫颈未完全阻塞时，会从阴道不定时排出稀薄的棕黄色或蛋白样分泌物。如子宫颈口完全阻塞，则见不到分泌物外流。

（7）子宫蓄脓

当患有慢性脓性子宫内膜炎时，子宫黏膜肿胀，子宫颈管闭塞，或子宫颈粘连而形成隔膜，脓液不能排出而在子宫内蓄留，于是就形成了子宫蓄脓。母羊停止发情，举尾，不断弓腰努责。阴道检查时，可发现阴道和子宫颈阴道部黏膜充血肿胀。

3. 预防

子宫内膜炎的预防应从饲养管理着手，进行全面的预防。

①加强饲养管理，防止发生流产、难产、胎衣不下和子宫脱出等疾病。

②预防和扑灭引起流产的传染性疾病。

③加强产羔季节接产、助产过程的卫生消毒工作，防止子宫受到感染。

④抓紧治疗子宫脱出、胎衣不下及阴道炎等疾病。

4. 治疗

严格隔离病羊，不可与分娩的羊同群饲喂；加强护理，保持羊舍的温暖清洁，饲喂富有营养而带有轻泻性的饲料，经常供给清水。

及时治疗急性子宫内膜炎，全身注射青霉素，防止转为慢性；冲洗或灌注子宫，可用0.1%高锰酸钾溶液、1%~2%碳酸氢钠溶液、1%盐水100~200 mL冲洗子宫，每日1次或隔日1次。子宫内有较多分泌物时，盐水浓度可提高至3%。促进炎性产物的排出，防止吸收中毒。并可刺激子宫内膜产生前列腺素，有利于子宫功能的恢复。如果子宫颈口关闭很紧，不能冲洗，可给子宫颈涂以2%碘酊，使其松弛。冲洗后灌注青霉素40万IU。子宫内给予抗菌药，选用广谱药物，如四环素、庆大霉素、卡那霉素、金霉素、诺氟沙星、氟苯尼考等。可将抗菌药物0.5~1 g用少量生理盐水溶解，做成溶液或混悬液，用导管注入子宫，每天2次。激素疗法，可用前列腺素类似物，促进炎症产物的排出和子宫功能的恢复。在子宫内有积液时，可注射雌二醇2~4 mg，4~6 h后注射缩宫素10~20 IU，促进炎症产物排出，配合应用抗生素治疗可收到较好的疗效。生物疗法（生物防治疗法），用人阴道中的窦得来因氏杆菌治疗母羊子宫内膜炎取得成功，对羊的子宫内膜炎同样可以应用。

中药疗法如下。

处方一：当归、红花、金银花各30 g，益母草、淫羊藿各45 g，苦参、黄芩各30 g，三棱、莪术各30 g，斑蝥7个，青皮30 g。水煎灌服，每日1剂。轻者连用3~5剂，重者5~7剂。适用于膘情较好的母羊的各种子宫内膜炎。

处方二：土白术60 g，苍术50 g，山药60 g，陈皮30 g，酒车前子25 g，荆芥炭25 g，酒白芍30 g，党参60 g，柴胡25 g，甘草20 g，黄酒250 mL为引。水煎服，每日1剂，连用2~3剂。

加减：湿热型去党参，加忍冬藤80 g，蒲公英60 g，椿树根皮60 g；寒湿型加白芷30 g，艾叶20 g，附子30 g，肉桂25 g；白带日久兼有肾虚者去柴胡、车前子，加韭菜子20 g，海螵蛸40 g，覆盆子50 g，菟丝子50 g。

急慢性阴道炎、子宫颈炎和急慢性卡他性子宫内膜炎可用此方。

处方三：当归60 g，赤芍40 g，香附40 g，益母草60 g，丹参40 g，桃仁40 g，青皮30 g。水煎灌服。每日1剂，连用2~3剂。

加减：肾虚者加桑寄生40 g，川续断40 g，或加狗脊40 g，杜仲30 g；白带多者加茯苓40 g，海螵蛸40 g，或加车前子30 g，白芷25 g；卵巢有囊肿或黄体者加三棱25 g，莪术25 g；有寒证者加小茴香30 g，乌药40 g；体质弱者加党参60 g，黄芩60 g。

慢性卡他性脓性和慢性脓性子宫内膜炎可用此方。

处方四：当归40 g，川芎30 g，白芍30 g，熟地黄30 g，红花40 g，桃仁30 g，苍术40 g，茯苓40 g，延胡索30 g，白术40 g，甘草20 g。水煎服，每日 1 剂，连用 1～2 剂。

慢性子宫内膜炎已基本治愈，但子宫冲洗导出液中仍含有点状或细丝状物时可用此方。

七、绵羊妊娠毒血症

绵羊妊娠毒血症是妊娠末期母羊由于碳水化合物和挥发性脂肪酸代谢障碍而发生的亚急性代谢病，以低血糖、酮血症、酮尿症、虚弱和失明为主要特征，主要发生于怀双羔或三羔的羊。在 5～6 岁的绵羊比较多见，主要临床表现为精神沉郁、食欲减退、运动失调、呆滞凝视、卧地不起，甚至昏迷、死亡等症状，给养羊户造成一定经济损失，该病主要发生于妊娠最后 1 个月，分娩前 10～20 d 多发，发病后 1 d 内即可死亡，死亡率可达 70%～100%。

1. 病因

多种情况均能引起此病的发生。

（1）营养

营养不足的羊患病的占多数。营养丰富的羊也可能患病，但一般在症状出现以前，体重有减轻现象，胎儿消耗大量营养物质，不能按比例增加营养。饲养管理不善，造成饲料单一，维生素及矿物质缺乏。冬草贮备不足，母羊因饥饿而造成身体消瘦。妊娠母羊因患其他疾病，食欲废绝。由于喂给精饲料过多，特别是在缺乏粗饲料的情况下饲喂给含蛋白质和脂肪过多的精饲料时，更容易发病。

（2）环境

气温过低，母羊免疫力下降，舍饲多而运动不足等原因都可以导致该病发生。经常发生于小群绵羊，草原上放牧的大群羊一般不发病。

2. 症状

由于血糖降低，表现脑抑制状态，很像生产瘫痪的症状。病初羊离群孤立，当放牧或运动时常落于群后。表现为食欲减退，不喜走动，精神不振，离群呆立或卧地不起，呼出气体有丙酮味。出现神经症状，特别迟钝或易于兴奋。

3. 病理变化

尸体非常消瘦，剖检时没有显著变化。病死的母羊，子宫内常有数个胎儿，肾脏灰白而软。主要变化为肝、肾及肾上腺脂肪变性。心脏扩张，肝脏高度肿大，边缘钝，质脆，由于脂肪浸润的肝脏常变厚而呈土黄色或柠檬黄色，切面稍外翻，胆囊肿大，充积胆汁，胆汁为黄绿色水样。肾脏肿大，包膜极易剥离，切面外翻，皮质部为棕土黄色，布满小红点（为扩张之肾小体），髓质部为棕红色，有放射状红色条纹。肾上腺肿大，皮质部质脆，呈土黄色，髓质部为紫红色。

4. 诊断

首先应了解绵羊的饲养管理条件及是否妊娠，再根据特殊的临床症状和剖检变化做出初步诊断。根据实验室检查血、尿、奶中的酮体、丙酮酸、血糖和血蛋白结果来确诊。

实验室检查时，血、尿、奶中的酮体和丙酮酸增高，以及血糖和血蛋白降低。血中酮体增高至 7.25～8.7 mmol/L 或更高（高酮血症）；血糖降低到 1.74～2.75 mmol/L（低血糖症），而正常值为 3.36～5.04 mmol/L。病羊血液蛋白水平下降到 4.65 g/L（血蛋白过少症）。呼出的气体有一种带甜的氯仿气味，当把其新鲜奶或尿加热到蒸汽形成时，氯仿气味更为明显。

5. 预防

加强饲养管理，合理地配合日粮，尽量防止日粮成分的突然变化。在母羊妊娠的前 2～3 个月内，不要让其体重增加太多。2～3 个月以后，可逐渐增加营养。直到产羔以前，都应保持良好的饲养条件。如果没有青贮饲料和放牧地，应尽量争取喂给豆科干松或氢化可的松为 10～20 mg。前者肌内注射，后者静脉注射（用前混入 25 倍的 5%葡萄糖注射液或生理盐水中）。也可肌内注射促皮质素 40 IU。

人工流产妊娠末期的病例，分娩以后往往可以自然恢复健康，故人工流产同样有效。方法是用开膣器打开阴道，给子宫颈口或阴道前部放置纱布块，也可施行剖宫产术。

八、持久黄体

持久黄体也称永久黄体或黄体滞留，是指家畜在分娩后或性周期排卵后，妊娠黄体或发情周期黄体超过正常时限而仍继续保持功能。

从组织构造和对机体的生理作用而言，性周期黄体、妊娠黄体无区别，均可以分泌黄体酮，抑制卵泡发育，使发情周期停止循环，引起不育。此病多数继发于某些子宫疾病，原发性的持久黄体比较少见。

1. 病因

饲养管理不当，日粮配合不平衡，特别是矿物质、维生素 A、维生素 E 缺乏，运动不足、冬季厩舍寒冷且饲料不足以及矿物质代谢障碍等，都会引起卵巢功能减退；高产羊由于消耗过大，以致卵巢营养不足；子宫疾病，如子宫炎、子宫积脓及积水、胎儿死亡未被排出、产后子宫复旧不全、部分胎衣滞留及子宫肿瘤等，都会使黄体不能按时消退，而成为持久黄体。

2. 症状

母羊发情周期停止，长期不发情，直肠检查时可触到一侧或两侧卵巢增大，黄体质地比卵巢实质稍硬。如果超过了应发情的时间而不发情，需间隔 5~7 d 进行一次直肠检查。经 2~3 次检查，黄体的位置、大小、形状及硬度均无变化，即可确诊为持久黄体。但是，为了与妊娠黄体加以区别，必须仔细检查母羊子宫。

3. 诊断

依据母羊性周期停滞、长期不发情等症状，结合直肠检查进行确诊。

4. 防治

（1）预防

加强产后母羊的饲养，尽快消除能量负平衡。对产后母羊要加强护理，饲料品质要好，并供应充足的优质青干草，以促进食欲，提高机体采食量。严禁为追求产奶量而过度增加精饲料。加强对产后母羊健康检查，发现疾病应及时治疗。

（2）治疗

应消除病因，促使黄体自行消退，根据具体情况改进饲养管理。如伴有子宫疾病，应及时治疗。常用的方法有以下几种。

①药物治疗　可用前列腺素 F230 mg，一次肌内注射；甲基前列腺素 F5~6 mg，一次肌内注射；也可应用氟前列烯醇或氯前列烯醇 0.5~1 mg，肌内注射，注射 1 次后，一般在一周内即可奏效，如无效，可间隔 7~10 d 重复一次。目前，国内常用的前列腺素类似物为 15-甲基前列腺素 F2a，一次肌内注射 2~5 mg。此外，还要用垂体促性腺激素、孕马血清促性腺激素、雌二醇、催产素等。

②卵巢按摩法　用手隔直肠按摩卵巢，使其充血，每日一次，每次 5 min，连续 2~3 次。

③氦氖激光照射　与巢穴距离 50~60 cm，每日一次，每次照射 8 min，

7 日为 1 个疗程，对治疗持久黄体有较好疗效。

④黄体穿刺或挤破法　手伸入直肠内，握住卵巢，使卵巢固定于大拇指与其余四指之间，轻轻挤破黄体。

⑤子宫治疗　如伴发子宫炎，应肌内注射雌二醇 4～10 mg，促使子宫颈开张，再用庆大霉素 80 万 IU 或土霉素 2 g 或金霉素 1～1.5 g，溶于蒸馏水 500 mL，一次注入子宫，每日或隔日一次，直至阴道分泌物清亮为止。

九、公羊睾丸炎

主要是由损伤和感染引起的各种急性和慢性睾丸炎症。

1. 病因

（1）由损伤引起感染

常见损伤为打击、啃咬、蹴踢、尖锐硬物刺伤和撕裂伤等，继之由葡萄球菌、链球菌和化脓棒状杆菌等引起感染，多见于一侧，外伤引起的睾丸炎常并发睾丸周围炎。

（2）血行感染

某些全身感染如布鲁氏菌病、结核病、放线菌病、鼻疽、腺疫、沙门氏菌病、乙型脑炎等可通过血行感染引起睾丸炎症。另外，衣原体、支原体、脲原体和某些疱疹病毒也可以经血流引起睾丸感染。在布鲁氏菌病流行地区，布鲁氏菌感染可能是睾丸炎最主要的原因。

（3）炎症蔓延

睾丸附近组织或鞘膜炎症蔓延；副性腺细菌感染沿输精管道蔓延均可引起睾丸炎症。附睾和睾丸紧密相连，常同时感染和互相继发感染。

2. 症状

（1）急性睾丸炎

睾丸肿大、发热、疼痛；阴囊发亮；公羊站立时拱背、后肢广踏、步态强拘，拒绝爬跨；触诊可发现睾丸紧张、鞘膜腔内有积液、精索变粗，有压痛。病情严重者体温升高、呼吸浅表、脉频、精神沉郁、食欲减少。并发化脓感染者，局部和全身症状加剧。在个别病例，脓汁可沿鞘膜管上行入腹腔，引起弥漫性化脓性腹膜炎。

（2）慢性睾丸炎

睾丸不表现明显热痛症状，睾丸组织纤维变性、弹性消失、硬化、变小，产生精子的能力逐渐降低或消失。

3. 预防

(1) 加强饲养管理

建立合理的饲养管理制度使公羊营养适当，不要交配过度，尤其要保证足够的运动。

(2) 严格检疫

对布鲁氏菌病定期检疫，并采取检疫规定的相应措施。

4. 治疗和预后

对患有急性睾丸炎的病羊应停止使用，安静休息；早期（24 h 内）可冷敷，后期可温敷，加强血液循环使炎症渗出物消散；局部涂搽鱼石脂软膏、复方醋酸铅散；阴囊可用绷带吊起；全身使用抗生素药物；局部可在精索区注射盐酸普鲁卡因青霉素注射液（2%盐酸普鲁卡因注射液 20 mL，青霉素 80 万 IU），隔日注射 1 次。

无种用价值者可去势。单侧睾丸感染而欲保留作种用者，可考虑尽早将患侧睾丸摘除；已形成脓肿摘除有困难者，可从阴囊底部切开排脓。

由传染病引起的睾丸炎，应首先考虑治疗原发病。

睾丸炎预后，视炎症严重程度和病程长短而定。急性炎症病例由于高温和压力的影响可使生精上皮变性，长期炎症可使生精上皮的变性不可逆转，睾丸实质可能坏死、化脓。转为慢性经过者，睾丸常呈纤维变性、萎缩，生育力降低或丧失。

十、附睾炎

附睾炎是公羊常见的一种生殖疾病。50%以上的性功能失常的公羊是由于附睾炎造成的，严重者可引起死亡。主要病因是流产布鲁氏菌和马耳他布氏杆菌感染。精液放线杆菌、羊棒状杆菌、羊嗜组织菌和巴斯德杆菌也可引起感染。传播感染的途径为公羊间同性性活动、小公羊圈舍拥挤以及公羊与因布鲁氏菌引起流产后 6 个月内发情的母羊交配。病原菌可经血源途径和生殖道上行途径引起附睾炎。阴囊损伤也可引起附睾化脓性葡萄球的感染。

1. 症状

附睾感染一般都伴有不同程度的睾丸炎，呈现特殊的化脓性附睾及睾丸炎症状。公羊不愿交配，叉腿行走，后肢拘强，阴囊内容物紧张、肿大、疼痛，睾丸与附睾界线明显。精子活力降低，不成熟精子和畸形精子比例增加。

2. 防治

对于感染早期、具有优良种用价值的种公羊，每天使用金霉素 800 mg，3 周后，可能消除感染并使精液质量得到改善。治疗无效者，最终可能导致睾丸变性或精子肉芽肿。优良种羊在单侧感染时可及时将患侧附睾连同睾丸摘除，可能保持生育力。如已与阴囊发生粘连，可先用 10 mL 1.5%利多卡因进行腰部硬膜外麻醉，将阴囊一同切除。预防的根本措施是及时鉴定出所有感染公羊，严格隔离或淘汰。预防接种可减少本病的发生。

十一、阴茎头包皮炎

阴茎头炎指阴茎游离端感染，包皮炎指包皮感染，二者往往同时发生，因此一般称为阴茎头包皮炎。其产生原因为：机械性损伤和尿液和包皮垢的分解产物长期刺激黏膜。

1. 症状

急性发炎时，开始包皮前端轻度热痛性肿胀，包皮下垂，流出浆液件或脓性分泌物粘附于包皮口长毛时，公羊拒绝交配。炎症蔓延到腹下壁和阴囊，肿胀加剧。后期包皮严重肿胀脱垂，流出脓性分泌物，阴茎伸出和排尿困难。严重者出现蜂窝组织炎，病羊体温上升、食欲减退。慢性经过者包皮纤维性增厚，包皮腔内外层粘连，包皮口狭窄、形成包茎。有的病例，公羊肿胀的阴茎脱出还可形成嵌顿包茎。

2. 防治

清除包皮腔内的异物、积尿和包皮垢，剪除包皮口的长毛，用温碱性的溶液或肥皂水将包皮和阴茎的头部洗净后，还可以用 3%的过氧化氢溶液或收敛性药物次醋酸铝溶液（硫酸铝 14.5 g，醋酸 16 mL，沉降碳酸钙 70 g，加水至 1 000 mL配成溶液，用时再用水稀释 20～40 倍）充分灌洗包皮腔。然后撒布抗菌药粉（处方一：乙酰水杨酸 15 g，氨苯磺胺 10 g，硼酸 5 g；处方二：水杨酸 2 g，氧化锌 10 g，淀粉 44 g，滑石粉 44 g），每天 2 次。如需对阴茎和包皮腔内发生的挫伤、坏死、溃疡进行彻底的处理，可以施行荐尾硬膜外麻醉，位阴茎自动脱垂。溃疡表面可用 4%碳酸铵溶液进行清洗，擦干后涂抹青霉素或枯草杆菌肽泊膏或磺胺类软膏。

第四节　引起肉羊流产的传染病

一、羊布鲁氏菌病

该病简称布病，是人畜共患的慢性传染病，以引起雌性动物流产、不孕等为特征，故又称为传染性流产病。雄性动物则出现睾丸炎；人也可感染，表现为长期发热、多汗、关节痛、神经痛及肝、脾肿大等症状；羊是易感动物，最常发生。该病广泛分布于世界各地，我国人、畜仍有发生，给畜牧业和人类的健康带来严重危害。

病原为羊布鲁氏菌、绵羊布鲁氏菌，呈球杆状，革兰氏阴性，无鞭毛，不形成芽孢，在多数情况下不形成荚膜，柯氏染色将本菌染成红色，可与其他细菌（蓝、绿色）相区别。组织涂片或渗出液中常集结成团，且可见于细胞内，培养物中多单个排列。

布鲁氏菌对外界环境抵抗力较强，在污染的土壤中可存活 1~4 个月，粪便中 120 d，流产胎儿中至少 75 d；在皮肤里能生存 45~60 d；乳中存活数周。对湿热抵抗力弱，一般消毒药能很快将其杀死。1%来苏尔或 2%福尔马林或 5%生石灰乳 15 min 即可杀死，煮沸立即死亡。

1. 流行病学

该病常呈地方流行，发病无季节性，但以春夏季发病率较高，特别是产仔季节多发，并表现一过性流产特征。病羊及带菌羊是该病的主要传染源。病菌存在于流产胎儿、胎衣、羊水、流产母羊阴道分泌物及公羊的精液中。该病的主要传播途径是消化道，即通过污染的饲料与饮水而感染。但经皮肤感染也有一定重要性，其他如通过黏膜、结膜、吸血昆虫也可传播该病。也可经配种感染。

羊群一旦感染此病，首先表现孕羊流产，开始仅为少数，以后逐渐增多，严重时可达半数以上，多数病羊流产一次，新疫区常表现大量母羊流产，老疫区流产比例较少。母羊较公羊易感性高，性成熟后对该病极为易感。

2. 症状

临床症状多数病例为隐性感染，无明显症状。怀孕羊发生流产是该病的主要症状，流产前，食欲减退，口渴，委顿，阴道流出黄色黏液物等。流产多发生在怀孕后的 3~4 个月，而且初配母羊流产最多，山羊可达 50%~80%；绵羊可达 40%。流产后多伴有胎衣不下或子宫内膜炎，且屡配不孕，不论流产早晚，都容易从胎盘及胎儿中分离到布鲁氏菌，但病母羊一生中很少出现第二次流产。有时患羊发生关节炎和滑囊炎而致跛行，少数病羊发生角膜炎和支气管炎。乳山羊的乳房炎常较早出现，乳汁有结块，乳量可能减少，乳腺组织有结节性变硬。绵羊布鲁氏菌可引起绵羊附睾炎。

3. 病理变化

常见胎衣部分或全部呈黄色胶冻样浸润，其中有部分覆有纤维蛋白絮片和脓液，胎衣增厚，并有出血点。流产胎儿主要为败血症病变，浆膜与黏膜有出血点与出血斑，皮下和肌肉间发生浆液性浸润，脾脏和淋巴结肿大，肝脏中出现坏死灶，胎儿的胃特别是皱胃中有淡黄色或灰白色黏性絮状物，胃肠和膀胱的浆膜下可见点状出血或线状出血。公羊发生该病时，可发生化脓性坏死性睾丸炎和附睾炎，睾丸肿大，后期睾丸萎缩，失去配种能力，关节肿胀和不育。

4. 诊断

根据流行病学调查，流产、胎儿胎衣的病理损害，胎衣滞留以及不育等有助于布鲁氏菌病的诊断，但确诊只有通过实验诊断才能得出结果。

细菌学检查：取流产胎儿、胎盘、乳汁、阴道分泌物或脓肿部分泌物等病料，革兰氏染色或柯氏染色后镜检，或者接种含 10%马血清的马丁琼脂培养基进行细菌分离培养。

血清学检查：常用的方法有凝集试验。布鲁氏菌进入动物机体后，可刺激机体产生凝集抗体、调理素和补体结合抗体等，因此血清学抗体的检查对于此病的诊断具有重要意义。常用的方法有凝集试验（包括试管凝集试验、虎红平板凝集试验、平板凝集试验和全乳凝集试验）和补体结合试验，两种方法互相补充，在临床结合使用可起到较好的检疫效果。另外，布鲁氏菌感染后 20~25 d 出现皮肤变态反应，此法可用于大群检疫（不宜用作早期诊断），目前广泛用于山羊、绵羊和猪群的检疫。除此之外，抗球蛋白试验、酶联免疫吸附试验（ELISA）、DNA 探针和 PCR 等方法也可用于该病的检疫。

鉴别诊断：需与其他发生流产症状的疾病鉴别，如弯曲菌病、钩端螺旋体病、乙型脑炎、衣原体病以及弓形体病等疾病相区分。

山羊、绵羊群检疫采用变态反应方法比较合适，少量的羊只常用凝集试验与补体结合试验。病羊采集以下病料：流产胎儿、胎盘、阴道分泌物或乳汁。

5. 防治

（1）免疫接种

用布鲁氏菌猪型号弱毒苗皮下或肌内注射，每只山羊剂量 25 亿菌，绵羊

50 亿菌，处理后的免疫期均为 3 年。或用布鲁氏菌羊型 V 号弱毒苗，每只羊皮下接种 10 亿菌，室内喷雾 25 亿菌/m^2，饮用或灌服 250 亿菌。每只羊用羊型Ⅴ号苗皮下注射 10 亿菌，室内气雾 50 亿菌/m^2。或每只羊用猪型Ⅱ号苗口服 100 亿菌，皮下或肌内注射 25 亿菌。新疆天康生产的布鲁氏菌疫苗有 A19 株、M5 株、S2 株均可用于羊只的接种。

各种活菌苗，虽属弱毒菌苗，但仍具有一定的剩余毒力，据调查防疫人员有感染的情况，但都是一过性的。为此，防疫中的有关人员应注意自身防护，防疫过程禁止吸烟等防疫外的活动，防疫结束后对所有接触的物品做好消毒和无害化处理工作。建立检疫隔离制度，彻底消灭传染源。

（2）发病后的防治措施

用试管凝集试验或平板凝集试验进行羊群检疫，发现呈阳性和可疑反应的羊均应及时隔离，以淘汰屠宰为宜，严禁与假定健康羊接触。对污染的用具和场所进行彻底消毒。流产胎儿、胎衣、羊水和产道分泌物应深埋，污染的环境、圈、用具、运输工具等均应消毒。凝集试验阴性羊用布鲁氏菌猪型Ⅱ号弱毒苗或羊型Ⅴ号弱毒苗进行免疫接种。

布鲁氏菌是兼性细胞内寄生菌，致使化疗药物不易生效。因此对病畜一般不做治疗，应淘汰屠宰。

二、弯曲菌病

弯曲菌病旧称弧菌病，是一种能引起人畜共患的传染病，为绵羊的一种散发性流行病。其特征为胎膜发炎及坏死，引起胎儿死亡和早产。

该病是由胎儿弯曲菌和空肠弯曲杆菌引起的生殖道传染病。弯曲菌为革兰氏阴性的细长弯曲杆菌，呈撇形、“S”形和“O”形。在老龄培养物中呈螺旋状长丝或圆球形，运动力活泼。

弯曲菌为微需氧菌，在含 10%二氧化碳的环境中生长良好，于培养基内添加血液、血清，有利于初代培养。对 1%牛胆汁有耐受性，这一特性可用于纯菌分离。

弯曲菌对外界环境因素抵抗力不强，对酸、热、干燥、阳光和一般消毒药敏感。58℃加热 5 min 即死亡。在干草、土壤中，于 20~27℃可存活 10 d，于 6℃可存活 20 d。在冷冻精液（−79℃）内仍可存活。对四环素、庆大霉素和红霉素等药物敏感。

1. 流行病学

该病呈地方性流行，患病和带菌绵羊是主要的传染源。成年母畜比公畜易感性高，未成年者稍有抵抗力。圈舍及饮食卫生条件差，饲养管理不良，可促使该病的发生。因感染母羊发生流产，病菌存在于流产胎盘及胎儿体内，并可通过粪便、乳汁和其他分泌物排菌，污染饮水、饲料或食物。可通过消化道或交配、人工授精等途径发生感染，羊主要是通过消化道感染。苍蝇等节肢昆虫的带菌率很高，是该病的重要传播者。

2. 症状

母羊通常在怀孕后 4~5 个月发生流产、死胎或产出弱羔。多数流产母羊无先兆，少数病羊出现精神不振，步伐僵硬，流产前 2~3 d 常从阴门流出带血的黏液，阴唇显著肿胀。开始时，羊群中流产数不多，一周后迅速增加。流产的胎儿通常都是新鲜而没有变化的，有时候也可能发生分解。有的达到预产期而产出活胎儿，但常因胎儿衰弱而迅速死亡。大多数母羊流产后常可迅速复愈，倘若死亡胎儿在子宫内滞留，则母羊易发生子宫炎和腹膜炎而死亡，病死率约 5%。流产率平均 20%~25%，有的群可高达 70%。流产过一次的母羊，以后继续繁殖时不再流产。

3. 病理变化

流产胎儿可见皮下组织均有水肿，浆膜上有小点出血，浆膜腔内含有大量血色液体，肝可能剧烈肿胀，有时有很多灰色坏死点或灰色坏死区。此种病料容易破裂，而使血液流入腹腔。

4. 诊断

暂时性不育、发情期延长以及流产，是该病的主要临诊症状，但其他生殖道疾病也有类似的情况，因此，确诊依赖于实验室细菌学检查。

细菌学检查：采取流产胎膜进行涂片染色镜检，若出现弯曲菌的典型形态可做出诊断。如有必要，可取胎儿的新鲜材料接种鲜血琼脂平板，置于 10% 二氧化碳环境中进行细菌的分离培养。绵羊弯曲菌性流产的实验诊断，主要是进行病料的涂片镜检和胎儿弯曲菌胎儿亚种或空肠弯曲杆菌的分离鉴定，而血清学试验对绵羊的诊断意义不大。

5. 防治

该病主要在分娩时散播，因此产羔季节要实行严格的卫生措施；使用多价疫苗免疫绵羊，可有效预防流产。

发生流产时，对病羊立即严密隔离，可使用庆大霉素、多西环素和氟诺沙星等抗生素治疗，均有良好疗效。对于流产后发生子宫有炎症的病羊，可用 0.5%温来苏尔或 1%的胶体银溶液灌洗子宫，每日 1~2 次，直到炎性产物完全消失为止。对于外阴及其附近，可用2%来苏尔（1～2）：1 000的高锰酸钾溶液洗涤。

感染羊群不能作种畜出售。另外，对流产的胎儿和胎衣必须彻底销毁，同时对污染的圈舍进行彻底的消毒。

三、弓形虫病

弓形虫病是一种呈世界性分布、能感染多种动物的人畜共患传染病，在人、畜及野生动物中广泛传播。

弓形虫病是由龚地弓形虫或刚地弓形虫引起的。

1. 流行病学

弓形虫是一种多宿主原虫，对中间宿主的选择不严，包括猪、牛、羊等200多种哺乳动物、70种鸟类、5种冷血动物及爬虫类等。终末宿主为猫科的家猫、野猫、美洲豹、亚洲豹等，其中家猫在该病的传播上起重要作用。

病畜和带虫动物是该病的传染源。该病主要经消化道传染，也可通过黏膜和受损的皮肤而感染，还可通过胎盘垂直感染。发病和流行无严格的季节性，但在5—10月的温暖季节发病较多。

大多数成年羊常呈隐性感染，妊娠母羊主要是发生流产，其他症状不明显。流产常发生于正常分娩前的4～6周。少数病羊可出现神经系统和呼吸系统的症状，可见病羊呼吸促迫、呈明显腹式呼吸，流涎，流眼泪，走路摇摆，运动调，视力障碍，心跳加快，体温41℃以上，呈稽留热。青年羊全身颤抖，腹泻，粪便恶臭。

2. 病理变化

肺暗红色带有光泽，间质增宽，有针尖至粟粒大出血点和灰白色坏死灶，切面流出多量带泡沫液体。全身淋巴结肿大，灰白色，切面湿润，有粟粒大、灰白色或黄白色和大小不一的出血点。肝、脾、肾亦有坏死灶和出血点。盲肠和结肠有少数散在的黄豆大至榛实大浅溃疡，淋巴滤泡肿大或有坏死。心包、胸腹腔液增多。

3. 诊断

根据流行特点、临床症状和病理变化，以及使用磺胺类药物的效果良好，而使用抗生素类药无效等，可做出初步诊断，确诊需实验室病原检测。

无菌取典型病变组织（肺、肝、肾）研磨，用生理盐水制成悬液，1 500 r/min离心5 min，加入适量双抗，取上清液腹腔接种小鼠10只，每只

0.5 mL，同时设对照组 5 只，每只腹腔注射生理盐水 0.5 mL。4 h 后接种组全部发病，腹围增大，取腹水制成涂片，干燥后吉姆萨染色镜检，发现有大量呈弓形、月牙形或香蕉形的速殖子。

4. 防治

羊场内要做好老鼠的扑灭工作，同时禁止饲养家猫等动物，控制野猫等其他哺乳动物的闯入。加强饲草、饲料的保管，严防被猫粪污染，避免饲养人员与猫的接触。发生该病时，可采取肌内注射或皮下注射磺胺间甲氧嘧啶钠 70 mg/kg 体重、甲氧苄啶 14 mg/kg 体重连用 3~5 d，首次治疗剂量加倍。

四、羊衣原体病

衣原体病又称鹦鹉热或鸟疫，能引起多种动物和人类共患的传染病。羊衣原体病又叫母羊地方性流产，临诊上以发热、流产、死产和产出弱羔，以及部分羊表现多发性关节炎、结膜炎等为特征。该病发生于世界各地，常呈地方性流行，对养羊业造成严重危害。

羊衣原体病主要由鹦鹉热衣原体引起，有资料显示，牛、羊衣原体亦能引起羊的散发性肺炎、多发性关节炎和腹泻。衣原体呈圆形或椭圆形，具有滤过性，它是一种专性细胞内寄生革兰氏染色阴性的原核微生物。在宿主细胞繁殖过程中有元体和网状体两种形态。元体较小，存在于细胞外，对人和动物具有高度传染性，但无繁殖能力，吉姆萨染色呈紫色；网状体又称始体，形态较大，存在于细胞内、无感染性，有繁殖能力，吉姆萨染色呈蓝色。衣原体对低温的抵抗力较大，可存活较长时间，如 4℃可存活 5 d，0℃可存活数周，受感染的鸡胚卵黄囊在-20℃可保存若干年。但对热敏感，病原体 37℃经 48 h 左右即可失去活性，56℃经 5~6 min 即可灭活。对脂溶剂、去污剂、消毒药敏感，常用浓度的消毒剂都可使其灭活。

1. 流行病学

不同品种的羊均可感染发病，尤以 2 岁左右母羊发生较多产第一、第二胎的年轻母羊流产率高。主要发生于母羊分娩和流产的时候，怀孕 30~120 d 感染的母羊可导致胎盘炎、胎儿损害和流产。对于羔羊、未妊娠母羊和妊娠后期（分娩前 1 个月）的母羊感染后，呈隐性感染，直到下一次才发生流产。

患病动物和隐性带菌动物是主要的传染源。病畜和带菌畜可由粪便、尿、乳汁，以及流产的胎儿、胎衣和羊水排出病原菌、污染水源和饲料等。主要经消化道感染，亦可经呼吸道或损伤的皮肤、黏膜感染。患羊与健康羊交配或用病羊的精液人工授精可发生感染，也可由子宫内感染。羊感染康复后，可成为衣原体的带菌者，长期排出衣原体。一些外表健康的羊也有很高的粪便带菌率。蜱可能既是衣原体的贮存宿主，又是传播媒介，有报道蜱可通过叮咬传染给人。

该病的发生无明显的季节性，多呈地方性流行，各种年龄的羊都可发生。羔羊关节炎和结膜炎常见于夏秋季节。封闭而密集的饲养、运输途中拥挤、营养紊乱不良等应激因素均可促使该病的发生。

2. 症状

根据临诊表现不同，主要有以下几种病型。

（1）流产型

潜伏期 50~90 d。流产多发生于正产前的 2~5 周、流产前胎羔多已死亡。发病前数天，母羊体温升高、食欲减退、不安，阴道排出少量黏液性或脓性分泌物。若为正产则为弱羔，常在产后几天死亡。也有流产前无任何前期症状。有些母羊因继发子宫内膜炎而死亡。羊群第一次暴发该病时，流产率可达 20%~30%，以后流产率下降，每年 5%左右流产过的母羊，一般不再发生流产。在该病流行的羊群中，可见公羊患有睾丸炎、附睾炎等疾病。

（2）关节炎型

多侵害 3~5 月龄羔羊，可引起多发性关节炎。发热羔羊于病初体温高达 41~42℃，食欲减退，掉群，肢关节（尤其腕关节、跗关节）肿胀、疼痛，一肢或四肢跛行。患病羔羊肌肉僵硬，或弓背而立，或长期卧地，体重减轻，生长发育受阻。有些羔羊同时发生结膜炎。发病率高，病死率低，病程 2~4 周。

（3）结膜炎型

又称滤泡性结膜炎，主要发生于绵羊，特别是肥育羔羊和哺乳羔羊。主要表现为病羔羊一侧或双侧眼结膜充血、水肿，大量流泪。病后 2~3 d，角膜发生不同程度的混浊，出现血管翳、糜烂、溃疡或甚至穿孔。数天后，在瞬膜、眼结膜上形成 1~10 mm 的淋巴滤泡。某些病羊可伴发关节炎、发生跛行。发病率高，一般不引起死亡。病程一般为 6~10 d，但是伴有角膜溃疡发病的患羊，病程可达数周。

（4）肺炎型

病程一般呈慢性经过，羔羊多发。患羊感染后突然出现咳嗽、体温升高、食欲下降、精神沉郁、鼻流浆液性或脓性分泌物、下痢。随着时间的推移或痊愈，或进一步出现呼吸链球菌病继发，会加大死亡率。困难、喘气、逐渐消瘦、衰弱、窒息死亡。

3. 病理变化

(1) 流产型

流产母羊胎膜水肿、增厚，子宫呈黑红色或土黄色。流产胎儿水肿，皮肤、皮下组织、胸腺及淋巴结等处有点状出血，肝脏充血、肿胀，表面可能有针尖大小的灰白色病灶。组织病理学检查，胎儿肝、肺、肾、心肌和骨骼肌血管周围网状内皮细胞增生。

(2) 关节炎型

关节囊扩张，发生纤维素性滑膜炎。关节囊内积聚有炎性渗出物，滑膜附有疏松的纤维素性絮片。患病数周的关节滑膜层由于绒毛样增生而变粗糙。

(3) 结膜炎型

结膜充血、水肿，角膜发生水肿、糜烂和溃疡，瞬膜、眼结膜上可见大小不等的淋巴样滤泡，组织病理学检查可发现滤泡内淋巴细胞增生。

(4) 肺炎型

可见羊的鼻腔内有浆液性渗出液，鼻中隔、鼻甲充血肿胀，肺尖叶、隔叶和心叶有灰白色实变区。

4. 诊断

根据流行特点、临诊症状和病理变化仅能怀疑为该病，确诊需进行病原体的检查及血清学试验。

(1) 细菌学检查

无菌采取病死羊的病变脏器、流产胎盘、排泄物、血液、渗出物，流产胎儿的肝、脾、肾及真胃内容物、胎盘绒毛叶，关节炎滑液等。涂片后用吉姆萨染色后镜检，即可确诊。或将病料接种于 5~7 d 的鸡胚卵黄囊、小鼠或豚鼠，或进行细胞培养，进行病原的分离培养鉴定。

(2) 血清学检查

通常采取急性和恢复期两份血清，进行补体结合反应。如果抗体滴度增高 4 倍以上，可判为阳性。

5. 防治

由于衣原体具有多宿主性，所以羊场应建立密闭的种群饲养系统，坚持自繁自养。建立严格的卫生消毒制度，严格做好场区大门、过道、圈舍和产房的环境消毒，对流产的胎儿和胎衣必须集中彻底销毁，同时用 2%~5%来苏尔或 2%氢氧化钠等有效消毒剂进行严格的消毒，每天 1 次，连用 7 d。同时加强产房卫生，防止幼羊感染该病。在流行地区，建立和实施衣原体疫苗免疫计划，用羊流产衣原体灭活苗对母羊和种公羊进行免疫接种。

发生该病时，流产母羊及其所产弱羔应及时隔离，对污染的羊舍、场地等环境进行彻底消毒。治疗可肌内注射青霉素，每次 80 万～160 万 IU，每天 2 次，连用 3 d。也可用四环素、红霉素等治疗。结膜炎患羊可用 2%～4%硼酸水溶液冲洗患眼，拭干，涂红霉素或四环素或金霉素软膏，每天 3 次，可同时注射长效土霉素。

五、沙门氏菌病

多种血清型的沙门氏菌可引起绵羊流产，包括：绵羊流产沙门氏菌（*S. abortusoris*）、鼠伤寒沙门氏菌（*S. typhimurium*）、蒙得维的亚沙门氏菌（*S. montevideo*）及都柏林沙门氏菌（*S. dublin*）。有时，偶尔也可以分离到外来菌株，这经常与输入的异体蛋白有关。

1. 流行病学

多种动物包括人类，都可成为传染源，在妊娠早期造成母羊空怀，在妊娠后期造成流产、死产或弱羔。根据血清型不同，感染母羊可能患病或造成母羊和羔羊巨大的灾难性损失。同时，已康复的母羊可能成为隐性带菌者。

2. 临床症状

本病的症状随病原体的血清型而不同，现总结如下。

（1）绵羊流产沙门氏菌

该菌是宿主专一性菌株，曾在英格兰西南部普遍流行，但现在已很少能分离到。病羊很少出现临床症状，但通常在妊娠期的最后 6 周发生流产。隐性带菌羊通常是隐性传染源。

可以观察到羔羊出现两种不同的临床症状：一是出生时弱羔，生后数小时内死亡；二是出生时健康，但突然发病，并在出生后 10d 内死亡。

（2）蒙得维的亚沙门氏菌

该菌株在苏格兰东南部多年来一直是主要问题。除了流产外，该菌感染后很少有其他全身症状。据报道，1982 年严冬，11 500只繁殖母羊中流产率达 10. 1%。恶劣的天气，伴随长期的冷应激，必须将这些羊只聚集在一起，以便尽早供给饲草料。这些工作使问题更加复杂化，如造成水源污染，导致下游的动物感染。但最终调查研究表明，海鸟在沙门氏菌病的传播方面起着非常重要的作用。蒙得维的亚沙门氏菌病没有像感染鼠伤寒沙门氏菌和都柏林沙门氏菌那么严重，出生后存活幼羔的腹泻也并非本病的典型特征。

（3）鼠伤寒沙门氏菌

感染该菌后，绵羊的临床症状完全与上述的不同。病羊常见厌食，发热（高达41℃）和严重腹泻。阴道分泌物具有恶臭气味，患有败血症或严重脱水的病例可能在6~9 d内死亡。有些羔羊出生时即死亡，有些出生后存活的羔羊表现出腹泻等严重症状，死亡率较高。这经常给母羊带来严重的损失。大量的研究表明，鼠伤寒沙门氏菌病经常在一些应激后发生，如合群之后，在严寒的冬天剪毛、舍饲以及注射疫苗等。

（4）都柏林沙门氏菌

母羊和羔羊感染该菌后的临床症状通常不如感染鼠伤寒沙门氏菌后的严重。死亡常由菌血症或脱水所引起，但死亡率通常很低。

3. 诊断

但要强调的是，除了绵羊流产沙门氏菌外，其他沙门氏菌引起的沙门氏菌病为共患病，因此在处理感染材料时要特别小心。

①患病母羊的临床症状为腹泻、发热；在流产前或流产时阴道会排出恶臭分泌物。

②出生后存活下来的羔羊可能患有严重败血症或肺炎等疾病，尤其是被鼠伤寒沙门氏菌和都柏林沙门氏菌感染时尤为严重。

③从胎儿胃内容物、胎盘组织或阴道分泌物的培养物可鉴定到病原菌。另外，也可采用荧光抗体技术对上述组织的病原体进行快速诊断。

④可用血清学试验诊断绵羊流产沙门氏菌感染。

4. 感染及发病机理

绵羊流产沙门氏菌具有宿主特异性，往往通过感染羊只传入羊群。沙门氏菌的其他菌株不具有宿主特异性，一般都是通过污染的饲料、水、野鸟或其他感染的畜禽而感染。一旦沙门氏菌病得以建立，将会通过摄入污染的垫料、饲料或水而快速传播。留在羊群中的隐性带菌者总是一个威胁，它可成为持久的传染源。

蒙得维的亚沙门氏菌主要感染绵羊，并且在英国的绵羊生产中形成了一种地方流行性病。在屠宰场，全年可从羊肠系膜淋巴结中分离到该菌株，因此，在羊群之间年复一年发生携带性传染。

5. 治疗和控制

控制蒙得维的亚沙门氏菌病的许多基本原则也适合于控制其他类型的沙门

氏菌。

①隔离感染且已流产或腹泻的绵羊，并用对沙门氏菌敏感的抗生素进行治疗，从而限制病原体的排出。

②将流产母羊与将要产羔的母羊分开饲养。

③如果鸟类是本病的传染源，当料槽不用时把它翻过来；有规律地改变饲喂地点，并避免在地上饲喂。

④避免羊群内的应激情况，如频繁地驱赶，确保羊只能自由采食，提供足够的料槽，避免抢食。

⑤尽量阻止羊只饮用溪水和沟渠水，最好通过水管供给新鲜水。

六、李斯特菌病

李斯特菌在许多家畜广泛分布，尤其是反刍动物，在英国大约2%的绵羊流产是由李斯特菌引起的。引起绵羊致病的李斯特菌有两种，即单核细胞增生性李斯特菌（*L. monocytogenes*）和伊氏李斯特菌（*L. ivanovii*）。该病以脑炎、流产、腹泻和败血症、角膜结膜炎、虹膜炎和乳房炎及新生羔羊败血症及死亡为主要特征。

1. 流行情况及症状

近年来，李斯特菌病在英国的发生率一直呈上升趋势，脑炎是其最常见的表现形式。李斯特菌脑炎的神经症状主要是转圈，一侧性面神经麻痹，头向一侧倾斜，做转圈运动。单核细胞增生性李斯特菌和绵羊李斯特菌都可以引起绵羊的流产，虽然流产可发生在任何阶段，但最常发生于妊娠后期。最初，绵羊体温升高。发生流产时并没有任何明显的特征，排出胎儿后也未见典型并发症，胎儿可能会发生自溶。羔羊出生时通常很虚弱，羔羊的肝脏上可见灰色或白色的坏死灶（所谓的“锯末肝”）。胎盘绒毛出现坏死，绒毛膜上覆盖有红褐色渗出物；可见大量深褐色的阴道分泌物，因子宫炎和败血症死亡的母羊很少见。

李斯特菌病的几种表现形式可能在羊群中同时出现。暴发时，开始饲喂青贮饲料 2 d 后即出现腹泻和败血症，尽管停饲青贮饲料，但是 4 周后仍然发生脑炎，随后发生流产。这些症状很少在同一母羊上出现，而且神经症状和流产很少同时发生。

2. 诊断

根据从阴道拭子、胎膜或胎儿及胎儿肝脏的病变部位分离到病原，可对本病做出诊断。

采用荧光抗体技术进行诊断，并且使用肝脏坏死灶接种小鼠以及在接种兔后出现角膜炎可用于辅助诊断。

3. 治疗

本病的病原体对许多抗生素都很敏感，因此如果给已经流产及有阴道分泌物的母羊用这类抗生素进行治疗，均可获得明显的效果。

4. 传播和发病机制

单核细胞增生性李斯特菌在环境中普遍存在，经常见于土壤，也可在饲草及健康动物的粪便中分离到。土壤是最主要的传染源，尤其是饲喂发酵不好的被土壤污染的青贮饲料后可诱发本病。绵羊可能经常暴露到感染，但据推测可能还需要其他因素才能诱导李斯特菌病临床症状的出现。在妊娠后期母羊摄入病原菌后，其可穿过肠黏膜而感染胎儿，引起败血症及胎盘炎，这两者均可致死胎羔，最终发生流产。

5. 控制

所有的流产母羊均应隔离，同时彻底清理流产地点。

随着给绵羊饲喂青贮饲料的增加，特别是将青贮饲料做成圆捆进行储存时，各种形式的李斯特菌病发病率急剧上升。调查显示，10%的羊群发生李斯特菌病，而其中的80%是由饲喂青贮饲料而引起。所以在生产青贮饲料时，应建立良好的条件，防止李斯特菌的繁殖。提出以下建议。

（1）使用添加剂以降低青贮饲料的pH值；制作pH值小于5的高质量青贮饲料，避免大量的土壤污染（每千克干物质灰分含量超过70 mg），例如避开土丘或者不要把牧草收割机放得太低。

（2）压垛与封闭同一天进行，确保圆捆密封、不漏气。

（3）避免饲喂闻起来明显发霉及变质的青贮饲料以及取自圆捆顶端及四周的青贮饲料；撤掉48 h后绵羊还未吃完的青贮饲料。

（4）在每年都发生李斯特菌病的农场，建议家畜不要在准备生产青贮饲料的牧场放牧。

李斯特菌病也是一种人畜共患病，因此具有公共卫生隐患。

七、边界病

边界病最早是20世纪50年代在英格兰和威尔士的边界地区首先发现的，感染的新生羔羊表现神经症状，如战栗、被毛粗乱，而且羔羊虚弱，死亡率高。此后，在英国的其他地方也相继发现该病。研究表明，这种疾病也可引起繁殖失败。

1. 病原学

这种疾病是由一种瘟病毒引起的，与引起牛病毒性腹泻和欧洲猪瘟的病毒相似。

2. 临床症状

关于羔羊的临床症状文献报道很详细，称作“被毛摇动者”或“茸毛羔”（fuzzy lambs）。在成年母羊，感染常导致中等程度的发热，常常未能诊断而痊愈。但是，如果母羊已经处于妊娠期，则其后果取决于胎儿发育的阶段；病毒感染胎儿后可引起胎儿死亡而发生胎儿干尸化，流产；或起胎儿死亡而被吸收，或者生出很虚弱的已感染的胎儿。流产可以发生在妊娠的任何阶段，但最常发生在妊娠 90 d 左右，而且常常排出棕色干尸化的或全身水肿的胎儿。在妊娠的头 60 d，孕体对实验性感染本病很敏感，如果感染发生在早期，唯一的临床症状可能就是空怀。在妊娠的 60~80 d 胎儿可对抗原刺激产生反应，之后可在羔羊检查到其他征象。

3. 诊断

根据羔羊的临床症状，结合羔羊脑和脊髓的病理组织学检查及从羔羊分离到的病毒或荧光抗体染色技术，可对本病做出诊断。通常在胎盘上看不到明显的病变。参照羊群中其他羊只的抗体水平，对流产或空怀母羊进行血清学检查，也可以做出诊断。

4. 传播途径

其他动物的瘟病毒在实验条件下也可以引起绵羊的边界病，因此在家畜中，尤其牛及山羊也是潜在的传染源。

但是边界病最有可能的传染源还是边界病康复后被引入羊群的母羔羊。这些个体虽然外表很健康，但可在很长一段时间内缓慢向外排毒。尽管这些个体生育力降低，但仍可生出感染的后代，而这些后代本身就是一种传染源。一些雄性羔羊可以通过精液排毒，它们的生育力降低可能与其睾丸小而软有关。

5. 治疗和防控

目前对本病尚无有效的治疗方法，也没有好的商用疫苗。控制该病的最好方法是确保羊群封闭，从而防止病原传入。一旦羊群发病，重要的是在暴发的早期尽力将妊娠母羊与已经产出有临床感染病羔羊的母羊隔离。同时，为了确保未妊娠的母羊获得免疫力，应将它们暴露在感染环境中，从感染羊群中存活下来的所有羔羊都不能留作种用，应当屠宰，从而不再使隐性带毒者留存下来。

参考文献

常卫华，2019. 规模化羊场高效快繁技术［M］. 北京：中国农业科学出版社.

陈晓华，2014. 牛羊生产与疾病防治［M］. 北京：中国轻工业出版社.

侯广田，2013. 肉羊高效养殖配套技术［M］. 北京：中国农业科学出版社.

侯广田，郝耿，2019. 多胎羊养殖与高效利用技术［M］. 北京：中国农业科学出版社.

江喜春，詹迎谷，王爱军，2023. 图说高效快速养羊关键技术［M］. 北京：化学工业出版社.

李海江，刘长城，杨利，2022. 牛羊繁殖技术［M］. 北京：中国农业科学出版社.

梁永厚，董志岷，2020. 肉羊高效繁殖与快速育肥技术［M］. 长春：吉林大学出版社.

马友记，2013. 绵羊高效繁殖理论与实践［M］. 兰州：甘肃科学技术出版社.

权凯，李君，2018. 肉羊良种利用与繁殖技术［M］. 北京：中国科学技术出版社.

王文义，王韵斐，陈秋菊，2023. 肉羊健康养殖与疾病防治［M］. 北京：中国农业科学出版社.

夏道伦，2012. 肉羊养殖新技术［M］. 北京：化学工业出版社.

辛晓玲，冯亚杰，2016. 肉羊高效繁殖技术［M］. 北京：中国农业科学出版社.

熊家军，肖峰，2018. 高效养羊［M］. 北京：机械工业出版社.

杨雪峰，魏刚才，2015. 羊高效养殖关键技术及常见误区纠错［M］. 北京：化学工业出版社.

张三军，薛双，付显东，等，2021. 养羊与羊病防控技术［M］. 郑州：河南科学技术出版社 .
朱奇，陈峙峰，2022. 高效健康养羊关键技术［M］. 2 版 . 北京：化学工业出版社 .